Rによる統計入門

赤間世紀
山口喜博 著

技報堂出版

まえがき

　統計処理は，周知のように，自然科学および社会科学のさまざまな分野で利用されている技術である．近年では，多くの統計処理ソフトウェアが開発されている．たとえば，SPSS や S などが代表例である．コンピュータサイエンスの発展はめざましいものがある．S の改良として 1997 年以降フリーソフトウェアを提供するの GNU プロジェクトの一つとして R が開発され，現在，多くの研究者により利用されている．日本でも R は徐々に普及しており，研究用および教育用の統計処理ソフトウェアとして注目されている．

　本書は，R の入門書であり，R の基本操作および R による統計処理の解説を目的としている．なお，本書では Windows による R の使用を前提としている．本書の構成は，次の通りである．

　第 1 章は，序論である．R とは何かを説明した後，R の入手法とインストール法を説明する．前述のように，R はフリーソフトウェアであるので，誰でも無料で利用することができる．

　第 2 章では，R の基本練習の解説である．すなわち，R 全体の概観を紹介する．まず，基本操作を説明し，その後，入力練習を示す．また，簡単なプログラムの作成法についても説明する．

　第 3 章は，確率と統計の基礎を解説する．ここでは，確率の概念を導入し，確率変数，確率分布，基本統計量について説明する．なお，確率統計の基礎知識を持つ読者は第 3 章をスキップしても良い．

　第 4 章では，R のグラフィックス機能を紹介する．R では，統計計算機能の他に強力なグラフィックス機能が用意されている．ここでは，ヒストグラムや

まえがき

対数グラフなどのさまざまなグラフの描画法について説明する．

　第5章は本書の骨格であり，Rによる統計処理を詳しく解説する．ここでは，相関分析，回帰分析，時系列分析，推定，検定，乱数を扱う．

　第6章は，Rによるプログラミングについて説明する．関数，ファイル処理，シミュレーションを扱う．

　本書により，読者はRについて自学自習することが可能である．筆者らは，Rにより読者が効率的に統計処理を理解することを切望する．最後に，本書の企画および出版において技報堂出版の石井洋平氏と星憲一氏に御世話になったことを付け加えておく．

2006年8月

赤間　世紀
山口　喜博

目次

第1章 序論 — 1
- 1.1 Rとは 1
- 1.2 Rのインストール 3

第2章 Rの基本練習 — 7
- 2.1 基本事項 7
- 2.2 入力練習 (1) 11
- 2.3 入力練習 (2) 24
- 2.4 簡単なプログラム 32

第3章 統計入門 — 37
- 3.1 確率 37
- 3.2 確率変数と確率分布 39
- 3.3 基本統計量 55

第4章 グラフィックス — 63
- 4.1 簡単なグラフ 63
- 4.2 ヒストグラム 65
- 4.3 他のグラフ 69

第5章 統計処理 — 81

目次

5.1 相関分析 81
5.2 回帰分析 87
5.3 時系列分析 92
5.4 推定 101
5.5 検定 116
5.6 乱数 134

第6章 プログラミング **139**

6.1 関数 139
6.2 ファイル処理 142
6.3 シミュレーション 146

参考文献 **153**

付録: 数表 **154**

索引 **166**

第1章 序論

1.1 Rとは

　Rとは，インターネットから入手可能な統計処理のためのフリーソフトウェアである．Rは，WindowsやUNIXなどのさまざまなプラットフォームで動作する強力な統計計算とグラフィックスの機能を持つ言語環境と考えられる．Rはいわゆる **GNU** プロジェクト (GNU Project) の一つとして開発されたが，Bell研究所で開発された統計処理言語 **S** と類似している．実際，RはSの方言を実装したものである．両者には細部では違いがあるが，多くの類似点がある．よって，RはSで記述されたソースを実行することができる．

　Sは，プログラミング言語と解釈することができるが，さまざまな統計解析とグラフィックスの機能を提供し，かつ，そのオープンソースを拡張することもできる．実際，Rのソースコードは入手可能であり，コンパイルすることによりさまざまなプラットフォームで稼動する．また，Rでは，古典的な統計計算から時系列や線形・非線形モデルなどの統計手法をサポートしており，近年，さまざまな分野の研究者にも注目されている．

　Rの起源は，Sである．1980年代前半，Chambersらにより統計処理用プログラミング言語Sが開発された．Sを独自に拡張し商用化したものは，**S-PLUS** と言われている．1991年頃，ニュージーランドのオークランド大学のRoss IthakaとRobert Gentlemanは教育用にSの簡易バージョン実装を行った．1995年にMartin Maechlerの説得により，IthakaとGentlemanはRを

第 1 章 序論

GNU の GPL (General Public License) に基づきリリースした．ここで，GNU とは UNIX 互換ソフトウェア群の開発プロジェクトの総称であり，フリーソフトウェアの理念に基づいている．GPL は GNU プロジェクトのソフトウェアおよびそれらの派生物に適用されるライセンス体系であり，ソースコードの公開を原則とし，ユーザに対してソースコードの再配布や改変を認めている．現在，GNU プロジェクトにより，我々はさまざまな有用なツールをフリーソフトウェアとして使用することができるようになっている．

R という名前は，両者 (Ross, Robert) の R が由来とされている．S の最初のバージョンは 2000 年にリリースされ，その後何回かのバージョンアップが行われている．また，2003 年には R の日本語化も始まった．ちなみに，2006 年 5 月現在のバージョンは 2.3.0 である．

R は統計処理用の言語であるが，同時に理想的な統計計算ソフトウェアとしての環境も提供している．したがって，Mathematica や Maple などの数式処理システムよりも汎用的な統計処理が可能となっている．R の基本的な機能は次の通りである．

- データ操作
- 統計解析
- グラフィックス
- プログラミング

さらに，ユーザは R 言語により新しい関数を定義し，R を拡張することができる．最近では，さまざまな分野についての多くのパッケージが開発されている．

1.2　Rのインストール

Rの公式Webページは,「The R Project for Statistical Computing」と題されており,

http://www.r-project.org/

である.このWebページには,Rの概要,ダウンロード,Rプロジェクト,文書などの情報が含まれている.

ここで,左端の「Download」の「CRAN」を選択すると,国別のサイト一覧が表示されるので,「Japan」を見る.そうすると,筑波大学のミラーサイト

http://cran.md.tsukuba.ac.jp/

がある.このサイトからLinux, MacOS, Windows用のRが入手可能である.

本書では,Windows用のRを利用するので,「Windows (95 and later)」を選択する.ここで,baseを選択すると,「R-2.3.0 for Windows」のページになる.その中のR-2.3.0-win32.exeをクリックすると,インストールファイルのダウンロードが始まるので,適当なフォルダに保存する.

このインストールファイルをダブルクリックすると,インストールが始まる.最初にインストール中に使用する言語「Japan」を選択する.そうすると,セットアップウィザードが開始するので,指示に従ってインストールを進める.インストールはWindowsの他のアプリケーションの場合と同様に行われる.

Rを起動するためには,「スタート」—「プログラム」—「R」—「R 2.3.0」を選択すれば良い.なお,起動用のアイコンを登録しておけば,それをダブルクリックすれば良い.そうすると,Rの初期画面が表示される(図1.1).

Rでは,R Consoleにおいてプロンプト>の後にコマンドを入力し,Enterキーを押下することにより計算が行われる.たとえば,$1+1$および$\sqrt{2}$を計算すると,図1.2のようになる.なお,入力は赤で,出力は青で表示される.第

第1章 序論

2章以降では，Rの各種のコマンドについて詳細に解説する．

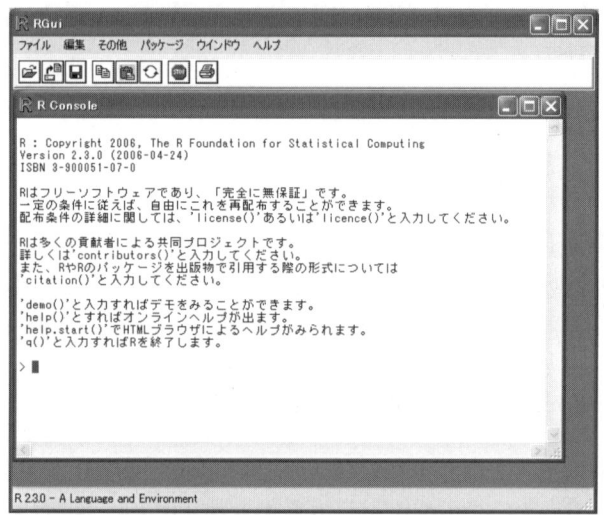

図 1.1　Rの初期画面

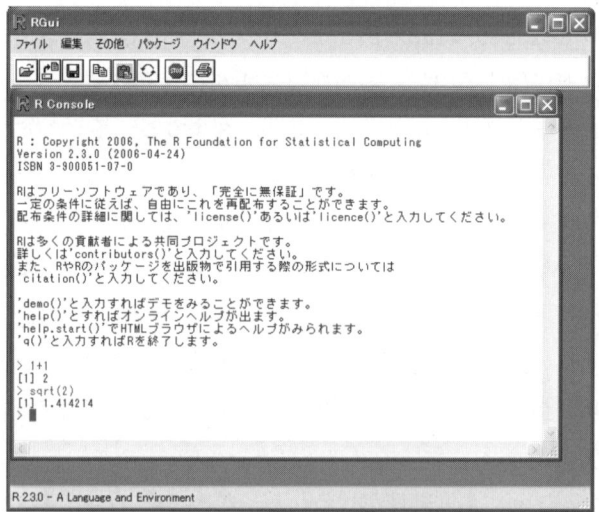

図 1.2　コマンドの実行

1.2. Rのインストール

なお，Rの各種の情報は次のWebページからも入手可能である．

http://www.okada.jp.org/RWiki/

このWebページはRjpWikiと言われるが，Rに関する情報交換を目的としており，Rの入手法からQ＆Aなどが含まれている．

第2章　Rの基本練習

2.1　基本事項

まず，R の利用形態について説明する．R では，

- R Console
- R Editor

の二つの利用が可能である．**R Console** とは，R を起動した時に RGui の中に表示されるウインドウである．

第 1 章で説明したように，R Console においてプロンプトの後に適当なコマンドを入力し Enter キーを押下すると，コマンドが実行される．これは，標準的な使用法である．

R で長いセッション，すなわち，多くのコマンドを入力する場合，**R Editor** を利用すると便利である．「ファイル」—「新しいスクリプト」を選択すると，R Editor が起動する．すなわち，R Console と R Editor の 2 画面になる．例として，3+4 と入力した後，Ctrl+R を押下すると，実行結果は R Console に表示される．なお，この操作は「編集」—「カーソル行または選択中の R コードを実行」，あるいは，メニュー下の左から三つめのアイコンをクリックすることによっても可能である (図 2.1)．

なお，x=c(1,2,3,4,5) によりデータベクトル (data vector) が生成される．また，y=x^2 により，x の各要素が二乗されたデータベクトルが生成される．

第2章　Rの基本練習

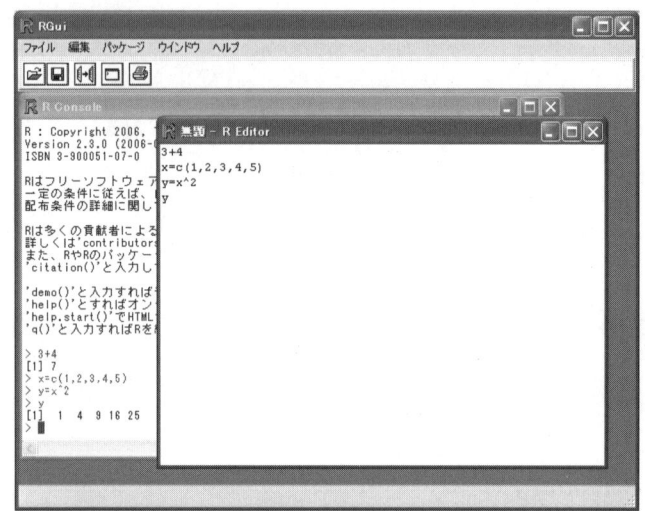

図 2.1　R Editor によるコマンドの実行

　R Editor の入力は **R** ファイルとして保存することができる.「ファイル」—「保存」で適当なファイル名と保存先を指定して保存する．なお，R ファイルの拡張子は R である．

　保存した R ファイルは読み込み表示，使用することができる.「ファイル」—「スクリプトを開く」により保存先のフォルダのファイルを指定することにより R ファイルを読み込むことができる．なお，R ファイルのすべてのコマンドを一括実行したい場合には,「編集」—「全て実行」，あるいは，R ファイルのコマンドをすべてドラッグし，メニュー下の左から三つめのアイコンをクリックすれば良い．

　次に，書式に関する注意事項を説明する．

注意 1: コマンドとして使用する文字は半角英数が基本である．しかし，名前という形で漢字を変数に使用することもできる．なお，漢字入力はローマ字かな変換で行われる．

2.1. 基本事項

注意 2: 大文字と小文字は区別される．コマンドの多くは小文字であるが，中には大文字もあるので注意する．

注意 3: 変数の命名にはピリオド (.) またはアンダスコア (_) を用いる．
例: `yama.value`

注意 4: 変数の命名として次の文字は避ける．

`c, q, s, t, C, D, F, I, T, diff, mean, pi, range, rank, tree, var,`
`break, for, function, if, in, next, repeat, return, while`

これらには R としての意味がある．

注意 5: 数字は 3, 4 などと入力する．文字列はシングルクォーテーション ' またはダブルクォーテーション " で囲む．論理値は T (真) または F (偽) である．これらは，それぞれ，`TRUE`, `FALSE` と入力しても良い．

注意 6: ユーザが通常使用するオブジェクトはベクトルとリストである．スカラーとして使っている量は，長さ 1 のベクトルが代わりとなる．ベクトルは `x=c(1,2,3)` または `c(1,2,3)->x` と書く．= (不等号とマイナス) は代入の記号である．なお，等号 =, 記号 <= も使用できる．以下では，代入記号として等号を用いる．

注意 7: 計算精度は，R が判断し統一的に処理する．なお，計算は倍精度で行われる．

注意 8: コメントは # 以降の 1 行である．
例: `# Input data`

注意 9: コマンドの入力は Enter, 改行は Shift を押しながら Enter を押下する．

注意 10: コマンド入力行では，マウスによるカーソルの移動はできない．カー

9

第 2 章　R の基本練習

ソルの移動は左右の矢印キーを使用する．

注意 11: 上下の矢印キーを押下すると，直前に入力したコマンドから順に表示される．これは便利な機能であるので使用しよう．長い入力は面倒で，修正変更も大変である．

注意 12: R には，以下のような特殊記号がある．

```
NA    (Not Available)    「該当データが欠けている」(欠損) を表す記号
NaN   (Not a Number)     「非数」を表す記号
```
例: NaN とは 0/0 のような定義できない数に対して使用される．
```
Inf   (Infinity)    無限大 +∞ を表す記号
-Inf  (Infinity)    無限大 -∞ を表す記号
```
例: 1/0, -1/0 はそれぞれ Inf, -Inf となる．

```
NULL  「未定義」を表す記号
```
例: ある変数の値を未定義のままで，とりあえず定義したい時に用いる．

```
x=NULL
```

注意 13: 代表的なエラーメッセージは，次の通りである．

```
squareroot(3)
エラー：関数 "squareroot" を見つけることができませんでした
> sqrt 2
エラー："sqrt 2" に構文エラーがありました
> sqrt(-2)
[1] NaN
Warning message:
計算結果が NaN になりました in: sqrt(-2)
```

2.2 入力練習 (1)

　R の起動方法は，第 1 章で説明した通りである．R を終了するためには，「ファイル」―「終了」を選択するか，または，R Console で q() と入力する．その際，「作業スペースを保存しますか」というダイアログボックスが表示される．保存するかどうかは，各自の判断で行う．

　R を強制終了したい場合は，メニューバーの「STOP」をクリックする．実行はインタプリタで行われているので，途中の計算は保存される．

　R ではヘルプが装備されている．メニューの「ヘルプ」を選択すると，さまざまな情報が得られる．また，var についての説明を見たい時には，R Console で help(var) または ?var と入力すると，説明のウィンドウが表示される．ただし，説明は英語である．

　R にはさまざまなパッケージが用意されている．特に，*Using R for Introductory Statistics* という本に関するパッケージ UsingR は有用である．このパッケージはインターネットから入手可能である．そのためには，まず，インターネットに接続する．次に，R Console で

　　install.packages("UsingR")

と入力すると，「CRAN mirror」のダイアログボックスが現れるので，日本のサイト「Japan (Tsukuba)」を選択する．そうすると，パッケージがダウンロードされる．なお，インストールが正常に行われたかを確認するためには，

　　library()

と入力する．そうすると，「利用可能な R パッケージ」というウインドウが表示される．

　なお，利用可能なインターネットにおいてプロキシーサーバが使用されている場合には，

第 2 章　R の基本練習

```
Sys.putenv("http_Proxy"="http://プロキシーサーバのアドレス:ポート番号")
install.packages("UsingR")
```

と入力し，その後，ユーザ ID とパスワードを入力する．そうすると，zip ファイルがダウンロードされる．

例題 2.1

では，入力練習を始めよう．

四則演算

```
> 2+3
[1] 5
> 5-3
[1] 2
> 5*3
[1] 15
> 5/3
[1] 1.666667
> 2^3
[1] 8
```

　加算は +，減算は -，乗算は *，除算は /，べき乗は ^ で行われる．ここで，> は R の入力プロンプトを表す．また，[1] は計算結果があるベクトルの第 1 成分であることを意味している．/ は実数の除算である．なお，R の実数演算は倍精度で行われる．R には単精度のタイプはない．

整数演算

```
> 5%/%3
[1] 1
> 5%%3
[1] 2
```

　%/% は整数同士の除算 (結果は切り捨て)，%% は剰余を表す．

2.2. 入力練習 (1)

丸め演算

```
> round(2.643,2)
[1] 2.64
> round(2.643,0)
[1] 3
> round(12345,-2)
[1] 12300
> trunc(2.13)
[1] 2
> trunc(2.67)
[1] 2
> trunc(-1.5)
[1] -1
> trunc(-1.2)
[1] -1
> floor(3.14)
[1] 3
> ceiling(2.33)
[1] 3
> ceiling(2.65)
[1] 3
```

round は丸め (四捨五入) を行うが，第 2 引数で小数点以下の桁数を指定する．trunc はゼロ方向丸め (切捨て) であり，小数点以下が切り捨てられる．floor は引数より大きくない最大の整数を返す．ceiling は引数より小さくない最小の整数を返す，すなわち，切り上げを行う．これらの丸め演算は引数が負数の場合注意が必要である．

```
> trunc(3.4)
[1] 3
> trunc(-3.4)
[1] -3
> floor(3.4)
[1] 3
> floor(-3.4)
[1] -4
```

第 2 章　R の基本練習

```
> ceiling(3.4)
[1] 4
> ceiling(-3.4)
[1] -3
```

円周率

```
> pi
[1] 3.141593
> pi*5^2
[1] 78.53982
```

円周率は，`pi` で返される．2 番目は，半径 5 の円の面積の計算である．

数学関数

主な数学関数は，以下の通りである．

abs(x)	sign(x)	sqrt(x)	exp(x)	log(x)	log2(x)
log10(x)	sin(x)	cos(x)	tan(x)	asin(x)	acos(x)
atan(x)	sinh(x)	cosh(x)	tanh(x)	gamma(x)	

sign(x) は x>0 の場合 1，x=0 の場合 0，x<0 の場合 -1 を返す．log(x) は $\log_e x$ (自然対数)，log2(x) は $\log_2 x$，log10(x) は $\log_{10} x$ (常用対数) を計算する．gamma(x) は Γ 関数である．

```
> sqrt(5); sqrt(25)
[1] 2.236068
[1] 5
> log(1); log2(8); log10(0.01)
[1] 0
[1] 3
[1] -2
> sin(0); sin(pi/2); sin(pi)
[1] 0
[1] 1
[1] 1.224606e-16
> cos(0); cos(pi/2); cos(pi)
```

2.2. 入力練習 (1)

```
[1] 1
[1] 6.123032e-17
[1] -1
> tan(0); tan(pi/2); tan(pi)
[1] 0
[1] 1.633178e+16
[1] -1.224606e-16
```

複数のコマンドを 1 行で入力する場合には，セミコロン；で区切る．関数などの結果は理論的に 0 であっても，完全に 0 にならない場合がある．

x がベクトルならば，コマンドの結果もベクトルとなる．ここで，ベクトルの成分はカンマで区切る．

```
> x = c(0,pi/4,pi/2,3*pi/4,pi); y = sin(x)
> y
[1] 0.000000e+00 7.071068e-01 1.000000e+00 7.071068e-01
 1.224606e-16
```

なお，本書では余白の関係で，実行結果の表示を適当に改行しているので，実際の表示結果と異なる場合もある．

変数に値を代入させて各種の演算を行うことができる．代入演算子は = である．

```
> a=4
> b=-5
> a+b; a-b; a*b; a/b
[1] -1
[1] 9
[1] -20
[1] -0.8
> a^2+b^2
[1] 41
> y=x=8
> x
[1] 8
> y
```

15

第 2 章　R の基本練習

```
[1] 8
```

ここで，y=x=8 は x に 8 を代入し，次に y に代入する演算を表す．

例題 2.2

ベクトルの成分の和 (sum) と積 (product) は，次のように計算される．

```
> x=c(2,3,4)
> sum(x)
[1] 9
> prod(x)
[1] 24
```

例題 2.3

最大値 (maximum) は max, 最小値 (minimum) は min で求められる．また，最初から k 番目の最大値，最小値，和，積は，それぞれ，cummax, cummin, cumsum, cumprod で求められる．以下の cummax の結果では，第 1 番目までの最大値は 4，第 2 番目までの最大値は 7 と読まれる．range を用いると，最小値と最大値の両方を表示することができる．平均，分散，標準偏差は，それぞれ，mean, var, sd で計算される[1]．

```
> x=c(4,7,9,20,-10,5,8,-3,-9,3)
> max(x)
[1] 20
> min(x)
[1] -10
> cummax(x)
 [1]  4  7  9 20 20 20 20 20 20 20
> cummin(x)
 [1]  4  4  4  4 -10 -10 -10 -10 -10 -10
> cumsum(x)
 [1]  4 11 20 40 30 35 43 40 31 34
> cumprod(x)
```

---

[1] 確率と統計処理の詳細は，第 3 章と第 5 章で解説する．

2.2. 入力練習 (1)

```
[1]           4        28       252      5040    -50400
   -252000
[7]    -2016000   6048000  -54432000 -163296000
> range(x)
[1] -10  20
> mean(x)
[1] 3.4
> var(x)
[1] 79.82222
> sd(x)
[1] 8.934328
```

例題 2.4

ベクトルを集合と見なして，各種の集合演算を行うこともできる．二つの集合の**結合集合** (union), **共通集合** (intersection), **差集合** (difference) は，それぞれ，union, intersect, setdiff で求めることができる．なお，差集合 $A - B$ は $A \cap \overline{B}$ と同じ意味である．

```
> a = c(1,3,5,7)
> b = c(2,4,6)
> union(a,b)
[1] 1 3 5 7 2 4 6
> a = c(2,4,6,8)
> b = c(4,8,12,14,16)
> intersect(a,b)
[1] 4 8
> setdiff(a,b)
[1] 2 6
```

例題 2.5

次にベクトル演算について説明する．二つのベクトルの和，差，積は，それぞれ，+, -, * で計算される．また，スカラー倍も * で求められる．なお，**内積** (inner product) は %*% で計算される．

```
> a = c(1,2)
```

第 2 章　R の基本練習

```
> b = c(3,4)
> a+b; a-b;a*b
[1] 4 6
[1] -2 -2
[1] 3 8
> -a; 5*b
[1] -1 -2
[1] 15 20
> a%*%b
     [,1]
[1,]   11
```

ここで，内積の結果は行列表示となっている．

ベクトルの要素の並びの反転は rev で行われる．

```
> x = c(2,4,6,8)
> rev(x)
[1] 8 6 4 2
```

ベクトル x の n 番目の要素の取り出しは，x[n] または x[[n]] で行われる．

```
> x=c(2,6,9,12,15,18)
> x[3]
[1] 9
> x[[3]]
[1] 9
> x[5]
[1] 15
> x[7]
[1] NA
```

なお，x[7] は存在しないので，NA が表示されている．

　ベクトルからその一部を取り出して新しいベクトルを作ることもできる．たとえば，ベクトル x の 2 番目から 4 番目まで取り出して得られるベクトルは x[c(2:4)]，2 番目から 4 番目まで取り出して得られるベクトルは x[-c(2:4)]，10 より大きい要素を取り出して得られるベクトルは x[x>10] となる．

2.2. 入力練習 (1)

```
> x = c(2,6,9,12,15,18)
> b = x[c(2:4)]; b
[1]  6  9 12
> c = x[-c(2:4)]; c
[1]  2 15 18
> d = x[x>10]; d
[1] 12 15 18
```

ベクトルの要素を繰り返したベクトルは，rep で作られる．なお，第 2 引数の等号の右辺は繰り返し回数である．

```
> x = c(1,2,4)
> s = rep(x,times=4)
> s
 [1] 1 2 4 1 2 4 1 2 4 1 2 4
```

例題 2.6

次に，行列に関する演算について説明する．行列

$$A = \begin{pmatrix} 1 & 2 \\ -1 & -1 \end{pmatrix}$$

は，**配列** (array) として次のように生成される．

```
> A = array(dim=c(2,2))
> A[1,1] = 1; A[1,2] = 2; A[2,1] = -1; A[2,2] = -1
> A
     [,1] [,2]
[1,]    1    2
[2,]   -1   -1
```

ここで，A[1,1] は行列 A の 1 行 1 列の要素を表す．行列は，matrix を用い以下のような方法でも定義可能である．

```
> p = c(1,2,-1,-1)
> A = matrix(p,2,2,byrow=T)
> A
     [,1] [,2]
```

第 2 章　R の基本練習

```
     [1,]    1    2
     [2,]   -1   -1
> B = matrix(p,2,2)
> B
         [,1] [,2]
     [1,]    1   -1
     [2,]    2   -1
```

ここで，matrix の第 2 引数は行数，第 3 引数は列数である．第 4 引数の byrow = T は要素を行単位で最初から設定して行列を定義するオプションである．

たとえば，2 × 3 行列の定義は以下のように行われる．

```
> C = matrix(c(1,2,3,4,5,6),2,3,byrow=T)
> C
         [,1] [,2] [,3]
     [1,]    1    2    3
     [2,]    4    5    6
```

また，3 × 3 ゼロ行列の定義は次の通りである．

```
> O = matrix(0,nrow=3,ncol=3)
> O
         [,1] [,2] [,3]
     [1,]    0    0    0
     [2,]    0    0    0
     [3,]    0    0    0
```

行数と列数は，このようにも指定可能である．

行列の和，差，積は，それぞれ，+, -, %*% で計算される．

```
> A = matrix(c(1,2,-1,-1),2,2,byrow=T)
> B = matrix(c(1,1,1,1),2,2,byrow=T)
> C = A+B; C
         [,1] [,2]
     [1,]    2    3
     [2,]    0    0
```

2.2. 入力練習 (1)

```
> D = A-B; D
     [,1] [,2]
[1,]    0    1
[2,]   -2   -2
> E = A%*%B; E
     [,1] [,2]
[1,]    3    3
[2,]   -2   -2
```

行列 A の逆行列 (inverse) A^{-1} は solve(A) で求められる (A^(-1) ではない).

```
> A = matrix(c(1,2,-1,-1),2,2,byrow=T); A
     [,1] [,2]
[1,]    1    2
[2,]   -1   -1
> B = solve(A); B
     [,1] [,2]
[1,]   -1   -2
[2,]    1    1
> A%*%B
     [,1] [,2]
[1,]    1    0
[2,]    0    1
> B%*%A
     [,1] [,2]
[1,]    1    0
[2,]    0    1
```

行列 A の固有値 (eigenvalue) と固有ベクトル (eigenvector) は eigen(A) により, それぞれ, $values, $vectors として表示される.

```
> A = matrix(c(7,4,3,6),2,2,byrow=T); A
     [,1] [,2]
[1,]    7    4
[2,]    3    6
> eigen(A)
$values
```

21

第 2 章　R の基本練習

```
    [1] 10   3

    $vectors
         [,1]       [,2]
    [1,] 0.8 -0.7071068
    [2,] 0.6  0.7071068
    > L1 = A%*%eigen(A)$vectors[,1]; L1
         [,1]
    [1,]    8
    [2,]    6
    > R1 = eigen(A)$values[1]*matrix(eigen(A)$vectors[,1],2,1); R1
         [,1]
    [1,]    8
    [2,]    6
    > L2 = A%*%eigen(A)$vectors[,2]; L2
              [,1]
    [1,] -2.121320
    [2,]  2.121320
    > R2 = eigen(A)$values[2]*matrix(eigen(A)$vectors[,2],2,1);
     R2
              [,1]
    [1,] -2.121320
    [2,]  2.121320
```

ここで, A の固有値は $\lambda_1 = 10, \lambda_2 = 3$ である. また, λ_1, λ_2 に属する固有ベクトル x_1, x_2 はそれぞれ

$$\begin{pmatrix} 0.8 \\ 0.6 \end{pmatrix}, \quad \begin{pmatrix} -2.121320 \\ 2.121320 \end{pmatrix}$$

となる. 上記では, 固有値および固有ベクトルの検算を行っている. x_1 を縦ベクトルとして扱うために, `matrix(eigen(A)$vectors[,1],2,1)` としている. また, `%*%` と `*` の使い分けに注意されたい.

連立方程式 $Ax = b$ の解 x は, `solve(a,b)` で求めることができる.

```
    > a=matrix(c(2,1,3,-5),2,2)
    > a
```

2.2. 入力練習 (1)

```
      [,1] [,2]
[1,]    2    3
[2,]    1   -5
> b=matrix(c(11,-14))
> b
      [,1]
[1,]    11
[2,]   -14
> solve(a,b)
      [,1]
[1,]     1
[2,]     3
```

例題 2.7

R では，微分と積分を行うことができる．式の記号的な微分は，D，または，deriv で行われる．また，数値積分 $\int_a^b f(x)dx$ は，integrate で行われる．R にある関数以外の関数 f(x) は，f= function(x) f(x) のように定義する必要がある．

```
> f = expression(sin(x))
> D(f,"x")
cos(x)
> f=expression(3*x^2+6*x)
> D(f,"x")
3 * (2 * x) + 6
> deriv(y~sin(x),"x")
expression({
    .value <- sin(x)
    .grad <- array(0, c(length(.value), 1), list(NULL, c("x")))
    .grad[, "x"] <- cos(x)
    attr(.value, "gradient") <- .grad
    .value
})
> g=deriv(y~3*x^2+6*x,"x",func=TRUE)
> g
function (x)
```

第2章　Rの基本練習

```
    {
        .value <- 3 * x^2 + 6 * x
        .grad <- array(0, c(length(.value), 1), list(NULL, c("x")))
        .grad[, "x"] <- 3 * (2 * x) + 6
        attr(.value, "gradient") <- .grad
        .value
    }
> g(3)
[1] 45
attr(,"gradient")
        x
[1,] 24
> g(4)
[1] 72
attr(,"gradient")
        x
[1,] 30
> f=function(x) x^3
> integrate(f,0,1)
0.25 with absolute error < 2.8e-15
> integrate(sqrt,1,4)
4.666667 with absolute error < 5.2e-14
```

ここで，expression は引数を表現式とする．なお，D の第 2 引数は微分の対象となる変数を文字列で指定する．deriv の引数となる関数 $y = \sin x$ は y~sin(x) と入力する．関数値と導関数値を求めたい場合には，deriv のオプションとして func=TRUE を指定し，関数として定義する．そして，引数を与えると，関数値と導関数値が計算される．integrate は数値積分を行うので，積分値の絶対誤差が結果とともに表示される．

2.3　入力練習 (2)

ここでは，データ処理のための入力練習を行う．

2.3. 入力練習 (2)

例題 2.8

Rでは，ベクトルデータが基本となるが，ベクトルの各成分に names により名前を付けることができる．また，成分の参照は配列と同様に行われる．ただし，添字は数字でなく文字になる．たとえば，ベクトルデータ mydata の各成分に a からアルファベット小文字の名前を付けると，次のようになる．

```
> mydata=c(10,20,30,40,50,60,70,80,90,100)
> names(mydata)=c('a','b','c','d','e','f','g','h','i','j')
> mydata
  a   b   c   d   e   f   g   h   i   j
 10  20  30  40  50  60  70  80  90 100
> mydata['d']
 d
40
> mydata['i']
 i
90
```

ここで，'a' は文字 a を表す．名前付きのベクトルデータの名前を削除は，次のように行われる．

```
> names(mydata) = NULL
> mydata
 [1]  10  20  30  40  50  60  70  80  90 100
```

例題 2.9

リスト (list) は，異なる型のデータを集めたものである[2]．たとえば，名前，性別，年齢，子供の年齢からなるリストの定義は次のように行われる．

```
> yama = list(name="Yama",sex="m",age=40,child.age=c(10,9,8))
> yama
$name
[1] "Yama"
```

---

[2] よって，R のリストは，プログラミング言語のリストにおけるリストではなく，構造体，または，レコードに対応する．

25

第2章　Rの基本練習

```
$sex
[1] "m"

$age
[1] 40

$child.age
[1] 10  9  8

> yama$name
[1] "Yama"
> yama$child.age[3]
[1] 8
```

ここで，yama を出力すると，縦に出力される．これが気になる場合には，unlist を用いると，横に出力することができる．

```
> unlist(yama)
      name           sex           age child.age1 child.age2 child.age3
    "Yama"           "m"          "40"       "10"        "9"        "8"
```

データの追加は c(...) で，削除は -c(...) で行われる．

```
> yama=c(yama,job="teacher")
> yama
$name
[1] "Yama"

$sex
[1] "m"

$age
[1] 40

$child.age
[1] 10  9  8

$job
```

26

2.3. 入力練習 (2)

```
[1] "teacher"

> newyama = yama[-c(2)]
> newyama
$name
[1] "Yama"

$age
[1] 40

$child.age
[1] 10  9  8

$job
[1] "teacher"
```

例題 2.10

次に，ソート (sort) について説明する．ソートとは，データをある基準により並べ替える操作である．ここで，基準としては，小さい順に並べ替える昇順と大きい順に並べ替える降順がある．

ここでは，区間 $[0,1]$ の**一様乱数** (uniform random number) を 16 個発生させソートしてみよう．なお，一様乱数は `runif(n,min,max)` により生成される．ここで，n は乱数の個数，min は乱数の最小値，max は乱数の最大値を表す．また，`sort(x)` により x は昇順にソートされる．

```
> x = runif(16,0,1)
> x
 [1] 0.8695673 0.4416977 0.3004241 0.5604794 0.8701617 0.4725380 0.2426497
 [8] 0.8610761 0.9125850 0.1291209 0.7005775 0.2048180 0.7804070 0.4760500
[15] 0.8544074 0.3854167
> y = sort(x)
> y
 [1] 0.1291209 0.2048180 0.2426497 0.3004241 0.3854167 0.4416977 0.4725380
 [8] 0.4760500 0.5604794 0.7005775 0.7804070 0.8544074 0.8610761 0.8695673
[15] 0.8701617 0.9125850
```

ここで，順位 6 番目までの抜き出しと，降順のソートは次のようになる．

```
> yy = y[y<=y[6]]
```

27

第 2 章　R の基本練習

```
> yy
[1] 0.1291209 0.2048180 0.2426497 0.3004241 0.3854167 0.4416977
> sort(x,decreasing=TRUE)
 [1] 0.9125850 0.8701617 0.8695673 0.8610761 0.8544074 0.7804070 0.7005775
 [8] 0.5604794 0.4760500 0.4725380 0.4416977 0.3854167 0.3004241 0.2426497
[15] 0.2048180 0.1291209
```

例題 2.11

データフレーム (data frame) は，ベクトルのリストからなる表形式のデータ構造である．たとえば，次のような表はデータフレームである．

stretch	distance
46	148
56	182
48	173
50	166
44	109
42	141
52	166

データフレーム `myframe` の生成は，`data.frame` により行われる．また，`myframe` から `stretch` のみを取り出すには，`myframe$stretch` と入力する．

```
> myframe = data.frame(stretch=c(6,56,48,50,44,42,52),
+ distance=c(148,183,173,166,109,141,166))
> myframe
  stretch distance
1       6      148
2      56      183
3      48      173
4      50      166
5      44      109
6      42      141
7      52      166
> mystretch = myframe$stretch
> mystretch
[1]  6 56 48 50 44 42 52
```

2.3. 入力練習 (2)

なお，コマンドの途中で改行すると，+ が次の行に付加される．

ここで，欠損値の扱いについて説明する．たとえば，測定データ (x, y) において，欠損値を 0 とされては困る場合は NA を設定しておく．

```
> x=c(10,20,30,40,50,60)
> y=c(102,NA,289,409,NA,630)
> x
[1] 10 20 30 40 50 60
> y
[1] 102  NA 289 409  NA 630
```

例題 2.12

データ処理関数では，欠損データを無視するオプション na.rm = T がある．y の平均値，中央値，範囲を計算すると，次のようになる．

```
> mean(y,na.rm=T)
[1] 357.5
> median(y,na.rm=T)
[1] 349
> range(y,na.rm=T)
[1] 102 630
```

なお，次のように，欠損値に 0 を代入して計算を行うこともできる．

```
> y[is.na(y)]=0
> y
[1] 102   0 289 409   0 630
```

例題 2.13

数列 (sequence) は，seq で発生させることができる．たとえば，1 から 15 まで 1 刻みで数列を発生させると，次のようになる．

```
> s = seq(1,15,by=1); s
 [1]  1  2  3  4  5  6  7  8  9 10 11 12 13 14 15
```

第 2 章　R の基本練習

データを画面から入力するためには，`scan()` を入力する．Enter を押下すると，行番号が現れるので，データを入力する．何もせず Enter を押下すると入力終了となる．入力データは，ベクトルとして表示することができる．

```
> x=scan()
1: 0
2: 4
3: 2
4: 6
5: 5
6: 1
7:
Read 6 items
> x
[1] 0 4 2 6 5 1
```

ここで，`UsingR` のデータセットの利用法について説明する．

例題 2.14 (UsingR 例題 1 (島))

データセット `islands` には，10000 平方マイルよりも大きな島の面積に関するデータが入っている．これらのデータを降順にソートしてみよう．パッケージ `UsingR` を利用は，`library(UsingR)` で宣言する[3]．`islands` を使用するためには，`data(islands)` を指定する．

```
> library(UsingR)
> data(islands)
> size = sort(islands,decreasing=TRUE)
> size
          Asia          Africa   North America   South America
         16988           11506            9390            6795
    Antarctica          Europe       Australia       Greenland
          5500            3745            2968             840
     New Guinea          Borneo      Madagascar          Baffin
           306             280             227             184
        Sumatra          Honshu         Britain       Ellesmere
```

---

[3] もちろん，パッケージは 2.2 節で説明した方法でダウンロードしておかなくてはならない．

2.3. 入力練習 (2)

183	89	84	82
Victoria	Celebes	New Zealand (S)	Java
82	73	58	49
New Zealand (N)	Cuba	Newfoundland	Luzon
44	43	43	42
Iceland	Mindanao	Ireland	Novaya Zemlya
40	36	33	32
Hispaniola	Hokkaido	Moluccas	Sakhalin
30	30	29	29
Tasmania	Celon	Banks	Devon
26	25	23	21
Tierra del Fuego	Axel Heiberg	Melville	Southampton
19	16	16	16
New Britain	Spitsbergen	Kyushu	Taiwan
15	15	14	14
Hainan	Prince of Wales	Timor	Vancouver
13	13	13	12

この中には本州 (Honshu), 北海道 (Hokkaido), 九州 (Kyushu), 台湾 (Taiwan), 海南島 (Hainan) があるのが分かる.

R には, 各種のグラフを描画する機能がある. なお, グラフィックスの詳細については, 第 4 章で説明する.

例題 2.15

たとえば, $y = x^2$ のグラフを $x = -10$ から $x = 10$ の範囲で表示してみよう. x データは seq で与え, グラフの描画は plot で行う.

```
> x = seq(-10,10,by=1)
> y = x^2
> plot(x,y)
```

そうすると, 次のように, グラフ表示用ウインドウにグラフは表示される.

31

第 2 章　R の基本練習

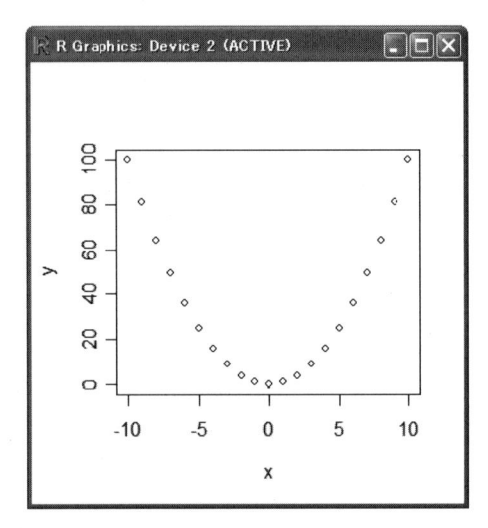

図 2.2　グラフの表示

ここで，y 軸の目盛りは軸に平行に出力されているが，垂直に出力したい場合には，

```
par(las=1)
```

を入力後，plot(x,y) を入力する．元に戻す場合には

```
par(las=0)
```

を入力後，plot(x,y) を入力する．このようにして，グラフを描画することができる．

2.4　簡単なプログラム

ユーザは，R の固有の機能の他に，**プログラミング** (programming) により，さらに有用な処理を行うことができる．プログラミングの詳細については，第

2.4. 簡単なプログラム

6 章で紹介する．R 言語の命令は，C 言語の命令に類似している．

例題 2.16

たとえば，1 から 10 までの和を求める文を for 文と while 文で書くと，次のようになる．

```
> s=0
> for(i in 1:10)
+ {
+     s=s+i
+ }
> s
[1] 55
> s=0
> n=1
> while(n<=10)
+ {
+     s=s+n
+     n=n+1
+ }
> s
[1] 55
```

なお，for 文の書き方は，C 言語の for 文の書き方と異なる．すなわち，R では

for(var in seq) expr

と書く．ここで，var は変数，seq はベクトル，expr は表現を表す．for 文では，var が seq の間の場合，expr を繰り返し実行する．

while 文の書き方は，次の通りである．

while(cond) expr

ここで，cond は条件，expr は表現である．while 文では，cond が偽になるまで，expr が繰り返し実行される．

第 2 章　R の基本練習

条件判定は，if 文で行われる．

  if(cond) expr1 else expr2

ここで，cond は条件，expr1, expr2 は表現である．

例題 2.17

次のプログラムは，a が正ならば b を 0，そうでなければ 1 とするプログラムである．

```
> a=5
> if(a>0) b=0 else b=1
> b
[1] 0
```

数学上の等号は，== と書く (= ではない)．

例題 2.18

次のプログラムは，入力値が 0 かどうかを判定するプログラムである．

```
> x=scan()
1: 4
2:
Read 1 item
> if(x==0) print("x is zero.") else print("x is not zero")
[1] "x is not zero"
```

ここで，print は引数を表示する命令である．なお，数学上の $\neq$ は != と書く．

条件にはブール条件を書くことができる．ブール条件には，! (否定)，&& (論理積 (かつ))，|| (論理和 (または))，xor (排他的論理和) がある．なお，&& は &，|| は | と書いても良い．

例題 2.19

次のプログラムは，入力値 x が $0 \leq x \leq 5$ であるかどうかを判定するプログラムである．

2.4. 簡単なプログラム

```
> x=scan()
1: 6
2:
Read 1 item
> if(x>=0 && x<=5)
+   print("0<=x<=5")
>
> x=scan()
1: 6
2:
Read 1 item
> if(x>=0 && x<=5) print("0<=x<=5") else print("x<0 or 5<x")
[1] "x<0 or 5<x"
```

ループを中止し抜ける命令は `break`, ループを中断し継続する命令は `next` である.

第3章 統計入門

3.1 確率

確率 (probability) とは，ある事柄が起こる確からしさを 0 と 1 との間の 1 つの実数値で表したものである．確率論では，ある事柄は**事象** (event) と呼ばれる．ある事象を A で表すとすると，A の起こる確率を $P(A)$ と書くことにする．確率の概念は，公理的に定義される．ここで，**公理** (axiom) とは正しいと仮定される式である．

今，すべての事象の集合を Ω とすると，1 つの事象 A は Ω の部分集合と考えられる．なお，Ω の部分集合 $A, B, ..$ について，

A^c は A の**補集合** (complement)，

$A \cup B$ は A と B の**結合集合** (union)，

$A \cap B$ は A と B の**共通集合** (intersection)，

$\emptyset$ は**空集合** (empty set)

を表す．確率論では，A^c は A の**余事象** (complement of an event) と呼ばれ，A でない事象を表す．$A \cup B$ は，A と B のうちの少なくとも一方が起きる事象である**和事象** (union of events) を表す．$A \cap B$ は，A と B がともに起きる事象である**積事象** (intersection of events) を表す．また，$\emptyset$ は**空事象** (impossible event) を表す．

今，2 つの事象 A と B に関して，2 つのうちの一方が起きれば他方は起こらない時，すなわち，A と B がともに起こることがない時，A と B は**排反**

(disjoint) であり，**排反事象** (disjoint eent) である言われる．A と B が排反ならば，$A \cap B = \emptyset$ である．

さて，確率の公理的定義を示す．ここで，「公理的定義」とは基本的な性質を公理とし記述するものであり，Kolmogorov (コルモゴロフ) により与えられた (Kolmogorov (1933) 参照)．今，Ω のすべて部分集合の集合 (べき集合) を S とすると，確率の公理システムは，次の 3 つからなる．

(P1) 任意の事象 $A \in S$ について，$P(A) \leq 1$ である．

(P2) 事象 $A \in S$ が確実に起こるならば，$P(A) = 1$ である．

(P3) 事象 $A, B \in S$ が互いに排反ならば，$P(A \cup B) = P(A) + P(B)$ である．

ここで，S は **Borel (ボレル) 集合体** (Borel sets) と言われる．これらの 3 つの公理を満足する $P(A)$ が事象 A の確率と呼ばれる．(P1) は，確率は $[0, 1]$ の値を取ることを示している．(P2) は，確かな事象の確率は 1 であることを示している．(P3) は**確率の加法性** (additivity of probabilities) とも呼ばれ，背反事象の性質を示している．なお，(P3) は，n 個の互いに排反である事象 $A_1, ..., A_n$ についても成り立つ．すなわち，

(P3a) $P(A_1 \cup ... \cup A_n) = P(A_1) + ... + P(A_n)$

も成り立つ．なお，任意の事象 $A, B \in S$ については

(P3b) $P(A \cup B) = P(A) + P(B) - P(A \cap B)$

が成り立つ．(P3b) は，**加法定理** (additive theorem) と言われることもある．

確率論では，(Ω, S, P) は**確率空間** (probability space) と言われる．上記の 3 つの公理から，確率に関する以下の性質を導くことができる．

$0 \leq P(A) \leq 1$

$P(\emptyset) = 0$

$$P^c(A) = 1 - P(A)$$
$$A \subseteq B \text{ ならば } P(A) \leq P(B)$$

事象 A, B について，$P(A) \neq 0$ ならば，A が起こった時の B の**条件付確率** (conditional probability) は，$P(B \mid A)$ と書かれ次のように定義される．

$$P(B \mid A) = \frac{P(A \cap B)}{P(A)}$$

この定義の両辺に $P(A)$ を乗じると，

$$P(A \cap B) = P(A) P(B \mid A)$$

となるが，これは**乗法定理** (intersection theorem) と呼ばれる．A と B の間に次の関係

$$P(A \cap B) = P(A) P(B)$$

が成り立つ時，A と B は互いに**独立** (independent) であると言われる．A と B が独立ならば，

$$P(A \mid B) = P(A), \ P(B \mid A) = P(B)$$

も成立する．

3.2　確率変数と確率分布

　確率論では，事象に対応する変数を用いるが，この変数を**確率変数** (rondom variable) と呼ぶ．確率変数には，その値の取り方により，**離散確率変数** (discrete rondom variable) と**連続確率変数** (continuous rondom variable) の 2 種類がある．

　今，確率変数の定義域を $\{a_1, a_2, ...\}$ とし，$P(X = a_i)$ が与えられている

第 3 章　統計入門

時, X を離散確率変数と言う. 離散確率変数の値は, 不連続な値である. また, $P(X = a_i) = p_i$ とした時, (a_i, p_i) $(i = 1, 2, ..., \sum_i p_i = 1)$ は X の**確率分布** (probability distribution) と言われる. 一般に, 確率変数に対して, **平均値** (average), **分散** (variance), **標準偏差** (standard deviation) の概念を定義することができる.

X の平均 (期待) 値:　　$E(X) = \sum_i a_i p_i$

X の分散:　　$V(X) = E(X - E(X))^2)$

X の標準偏差:　　$\sigma_X = \sqrt{V(X)}$

一方, 連続確率変数は, ある値を取る確率でなく, 取る値がある区間に入る確率を表す. 今, dx を微少な項とし,

$$P(x < X \leq x + dx) = f(x)dx$$

とする時, X は連続確率変数, $f(x)$ は X の**確率密度関数** (probability density function) と言われる. よって, 次の関係が成り立つ.

$$P(a < x \leq b) = \int_a^b f(x)dx$$

連続確率変数では, 平均値, 分散, 標準偏差は以下のように定義される.

$$E(X) = \int_{-\infty}^{\infty} x f(x) dx$$

$$V(X) = \int_{-\infty}^{\infty} (x - E(X))^2 f(x) dx$$

$$\sigma_X = \sqrt{V(X)}$$

さて, 確率変数 X の取る値が x_i であり x 以下である確率を考えると, この関数は x の関数となるが, これは**分布関数** (distribution function) と言われる. すなわち, 次のように定義される $F(t)$ が X の分布関数である.

3.2. 確率変数と確率分布

$$F(x) = P(X \leq x) \ (-\infty \leq x \leq \infty)$$

連続確率変数の分布関数は，なめらかな関数となる．

連続確率変数の場合，分布関数 $F(x)$ が微分可能な時，その導関数

$$f(x) = F'(x)$$

が確率密度関数となる．微分と積分の関係から，

$$P(X \leq x) = F(x) = \int_{-\infty}^{x} f(t)dt$$

が成り立つ．すなわち，関数 $f(x)$ の $-\infty$ から x までの面積が分布関数の値となる．一般に，

$$P(a < x \leq b) = F(b) - F(a) = \int_{a}^{b} f(x)dx$$

となる．

離散確率変数の分布関数は，

$$F(x) = \sum_{x_k \leq x} p_k$$

で定義され，階段関数となる．

では，主な確率分布について説明する．今，サイコロを n 回投げて 1 の目が出る回数を X とすると，X の取る値は $0, 1, 2, ..., n$ の $(n+1)$ 個である．よって，$X = r \ (r = 0, 1, 2, ..., n)$ である確率 $P(X = r)$ は

$$P(X = r) = {}_nC_r \left(\frac{1}{6}\right)^r \left(1 - \frac{1}{6}\right)^{n-r}$$

となる．ここで，${}_nC_r$ は n 個のものから r 個のものを取り出す**組合せ** (combination) の数であり，以下のように定義される．

$$_nC_r = \frac{n!}{r!(n-r)!} = \frac{n(n-1)...(n-(r-1))}{r!}$$

ただし，$n!$ は n の**階乗** (factorial) である．$n!$ は，次のように定義される．

$$n! = n \times (n-1) \times ... \times 1,$$
$$0! = 1$$

ある事象 E の起こる確率を p とし，試行を何回も独立に行ったとする．このような試行を n 回繰り返した時に r 回 E の起こる確率 $P(X = r)$ は

$$P(X = r) = {}_nC_r p^r (1-p)^{n-r}$$

で与えられ ($r = 0, 1, 2, ..., n$)．この時確率変数 X は**二項分布** (binomial distribution) $B(n, p)$ に従うと言われる．なお，上記の試行系列は，**Bernoulli (ベルヌーイ) 試行** (Bernoulli trials) とも呼ばれている．二項分布は，次の性質を満足する．

$$\sum_{r=0}^{n} P(X = r) = \sum_{r=0}^{n} {}_nC_r p^n (1-p)^{n-r} = 1$$

なお，二項分布は，n が大きくなると，後述の正規分布に近づくことが知られている．

例題 3.1

二項分布 $B(50, 0.25)$ のグラフは，`plot` で次のようにプロットすることができる．

```
> x=0:50
> y=dbinom(x,50,0.25)
> plot(x,y,type='h',xlab='x',ylab='y',main='二項分布')
```

まず，x の範囲は $0 \leq x \leq 50$ とする．`x=0:50` により，$x = 0, 1, 2, ..., 50$ の値が与えられる．これは，`x=seq(0,50,by=1)` と書いても良い．`dbinom(x,n,p)` により，二項分布 $B(n, p)$ の確率密度関数の値が計算される．`plot` のパラメタ `type = h` はヒストグラム表示，`xlab`, `ylab` は x, y 軸の名前，`main` はグラフ

3.2. 確率変数と確率分布

のタイトルを表す．なお，日本語のタイトルを表示することもできる．

上記のコマンドを実行すると，ウインドウに二項分布 $B(50, 0.25)$ のグラフが表示される (図 3.1)．グラフィックウインドウのグラフ上で右クリックすることにより，グラフをポストスクリプト (ps) ファイルで保存することもできる．なお，グラフィックスの詳細については第 4 章で説明する．

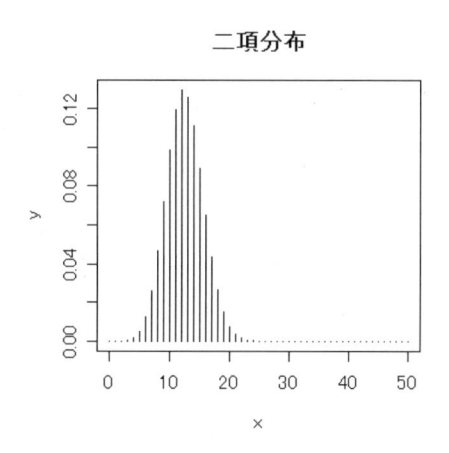

二項分布

図 3.1 二項分布 $B(50, 0.25)$ のグラフ

次に，**Poisson** (ポアソン) 分布 (Poisson distribution) について説明する．今，確率変数 が $0, 1, 2, \cdots$ のような非負の整数値を取り，その確率分布が

$$P(X = r) = \frac{\lambda^r}{r!} e^{-\lambda} \ (\lambda > 0)$$

である時，X は Poisson 分布に従うと言われる．Poisson 分布は，二項分布のある種の極限形式とも考えられる．Poisson 分布に従う事象としては，製品中の不良品の個数や一定時間内に電話がかかってくる回数などがあげられる．

さて，式

$${}_nC_r p^n (1-p)^{n-r}$$

第3章 統計入門

において，
$$p = \frac{\lambda}{n}$$

とする．ただし，λ は正の定数とする．そうすると

$$\begin{aligned}
{}_nC_r p^n(1-p)^{n-r} &= \frac{n(n-1)...(n-r+1)}{r!}\left(\frac{\lambda}{n}\right)^r\left(1-\frac{\lambda}{n}\right)^{n-r} \\
&= \frac{\lambda^r}{n!}\frac{n(n-1)...(n-r+1)}{n^r}\left(1-\frac{\lambda}{n}\right)^{n-r}
\end{aligned}$$

となる．ここで，$n \to \infty$ の時

$$\frac{n(n-1)...(n-r+1)}{n^r} = \left(1-\frac{1}{n}\right)\left(1-\frac{2}{n}\right)...\left(1-\frac{r-1}{n}\right) \to 1$$

となる．また，

$$\left(1-\frac{\lambda}{n}\right)^{n-r} = \left(1-\frac{\lambda}{n}\right)^n \Big/ \left(1-\frac{\lambda}{n}\right)^r$$

であるので，$n \to \infty$ とすると

$$\left(1-\frac{\lambda}{n}\right) = e^{-\lambda}$$

となる．よって，$n \to \infty$ の時

$$_nC_r p^r(1-p)^{n-r} \to \frac{\lambda^r}{r!}e^{-\lambda}$$

となる．したがって，$np = \lambda$（λ は正整数）であれば，n が大きくなるとともに p が小さくなれば二項分布は Poisson 分布にしだいに近づくことがわかる．

例題 3.2

$\lambda = 3$ の Poisson 分布のグラフは，`plot` で次のようにプロットすることができる．

3.2. 確率変数と確率分布

```
> x=0:7
> y=dpois(x,3)
> plot(x,y,type='l',xlab='x',ylab='y',main='Poisson 分布')
```

まず，x の範囲は $0 \leq x \leq 7$ とする．`dpois(x,lambda)` により，平均値 `lambda` の Poisson 分布の確率密度関数の値が計算される．また，`type='l'` は曲線の表示の指定である．

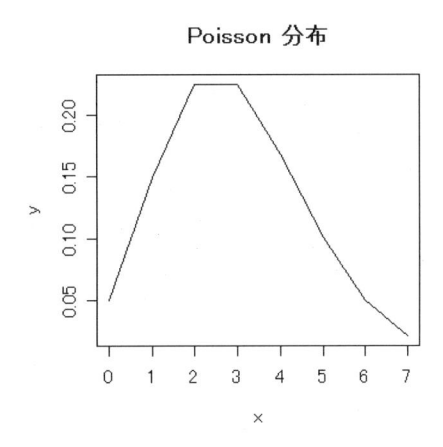

図 3.2　Poisson 分布のグラフ

次に，連続確率変数の確率分布について説明する．**正規分布** (normal distribution) は，代表的な確率分布の 1 つであり，多くの社会現象や自然現象はこの分布に従うことが知られている．正規分布は，Gauss (ガウス) 分布と呼ばれることもある．母平均 μ，母分散 σ^2 の 2 つのパラメタを持つ正規分布は，$N(\mu, \sigma^2)$ で表される．正規分布の確率密度関数は，次の式で表される．

$$f(x) = \frac{1}{\sqrt{2\pi}\sigma} e^{-\frac{(x-\mu)^2}{2\sigma^2}}$$

ただし，$\sigma > 0$ である．特に，$\sigma = 1, \mu = 0$ の場合は，**標準正規分布** (standardized normal distribution) と呼ばれるが，その確率密度関数は次のように表さ

第3章 統計入門

れる．

$$f(x) = \frac{1}{\sqrt{2\pi}} e^{-\frac{x^2}{2}}$$

例題 3.3

標準正規分布 $N(1,0)$ のグラフは，`plot` で次のようにプロットすることができる．

```
> x=seq(-5,5,by=0.1)
> y=dnorm(x,0,1)
> plot(x,y,type='l',xlab='x',ylab='y',main='標準正規分布
 N(1,0)')
```

まず，x の範囲は 0.1 間隔で $-5 \leq x \leq 5$ とする．`dnorm(x,mean,sd)` により，正規分布 $N(mean, sd^2)$ の確率密度関数の値が計算される．`plot` のパラメタ `type = 'l'` (エル) は曲線表示を表している．

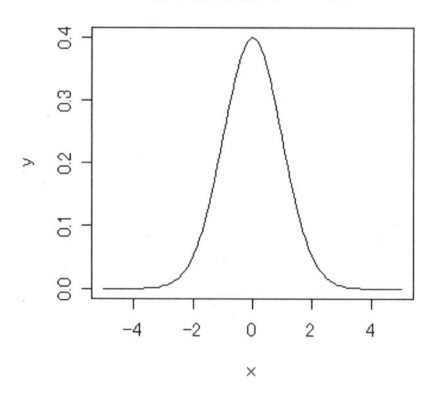

図 3.3 標準正規分布 $N(1,0)$ のグラフ

次に，**一様分布** (uniform distribution) について説明する．区間 $[a,b]$ $(a < b)$ において

3.2. 確率変数と確率分布

$$f(x) = \frac{1}{b-a} \quad (x \in [a,b])$$
$$f(x) = 0 \quad (x \notin [a,b])$$

を満足する確率密度関数を持つ確率変数 X は，区間 $[a,b]$ で一様分布に従う．一様分布は，もっとも単純な連続分布の1つである．

例題 3.4

$a=0, b=1$ の一様分布のグラフは，`plot` で次のようにプロットすることができる．

```
> x=0:1
> y=dunif(x,0,1)
> plot(x,y,type='l',xlab='x',ylab='y',main=' 一様分布')
```

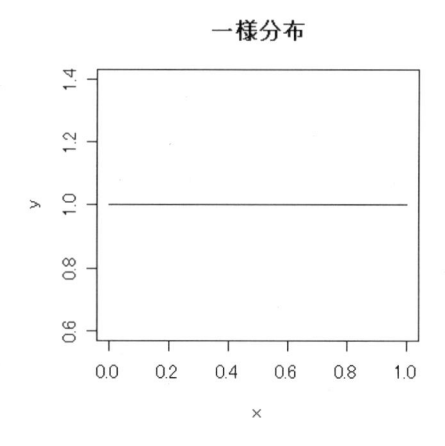

図 3.4 一様分布のグラフ

例題 3.5

では，上記で紹介した分布のいくつかについて，平均値 $E(X)$ と分散 $V(X)$ を計算してみよう．まず，二項分布について考えてみよう．平均値の計算は，次の通りである．

第3章 統計入門

$$
\begin{aligned}
E(X) &= \sum_{r=0}^{n} r \,_nC_r p^r (1-p)^{n-r} \\
&= \sum_{r=1}^{n} \frac{n!}{(r-1)!(n-r)!} p^r (1-p)^{n-r} \\
&= np \sum_{r=1}^{n} \frac{(n-1)!}{(r-1)!(n-r)!} p^r (1-p)^{n-r} \\
&= np \sum_{r=1}^{n-1} {}_{n-1}C_r p^r (1-p)^{n-r-1}
\end{aligned}
$$

ここで,

$$\sum_{r=1}^{n-1} {}_{n-1}C_r p^r (1-p)^{n-r-1} = 1$$

であるので, $E(X) = np$ となる.

分散の計算は以下の通りである.

$$
\begin{aligned}
V(X) &= E(X^2) - (E(X))^2 \\
&= \sum_{r=0}^{n} r^2 {}_nC_r p^r (1-p)^{n-r} - n^2 p^2 \\
&= \sum_{r=0}^{n} r(r-1) {}_nC_r p^r (1-p)^{n-r} + \sum_{r=0}^{n} r \,_nC_r p^r (1-p)^{n-r} - n^2 p^2 \\
&= \sum_{r=0}^{n} r(r-1) {}_nC_r p^r (1-p)^{n-r} + np - n^2 p^2 \\
&= n(n-1)p^2 + np - n^2 p^2 \\
&= np(1-p)
\end{aligned}
$$

　二項分布の平均と分散を実例で確かめてみよう. 12 個のサイコロを同時に投げて 5 または 6 の目が出た回数を調べた. 総計 26306 回行った結果は, 次のようになった.

3.2. 確率変数と確率分布

回数	0	1	2	3	4	5	6	7	8	9
度数	185	1149	3265	5475	6114	5194	3067	1331	403	105

回数	10	11	12
度数	18	0	0

上記の表から，平均と分散を求めると，次のようになる．

```
> x=c(0,1,2,3,4,5,6,7,8,9,10,11,12)
> x
 [1]  0  1  2  3  4  5  6  7  8  9 10 11 12
> y=c(185,1149,3265,5475,6114,5194,3067,1331,403,105,19,0,0)
> y
 [1]  185 1149 3265 5475 6114 5194 3067 1331  403  105   19
     0    0
> n=sum(y)
> heikin=sum(x*y)/n
> heikin
[1] 4.052458
> bunsan=sum((x-heikin)^2*y/n)
> bunsan
[1] 2.697442
```

平均値の理論値 $12*2/6 = 4$，分散の理論値 $12*(2/6)*(4/6) = 2.6667$ とほぼ近くなっている．

実験結果の分布曲線を描画すると，図 3.5 のようになる．ここで，y/n~x はモデル式 (model formula) と言われ，「y/n を x でモデル化する」ことを表す．すなわち，これにより y/n は x の値により区分けされる．

```
> plot(y/n~x,xlab="x",ylab="確率（実験）")
```

第 3 章 統計入門

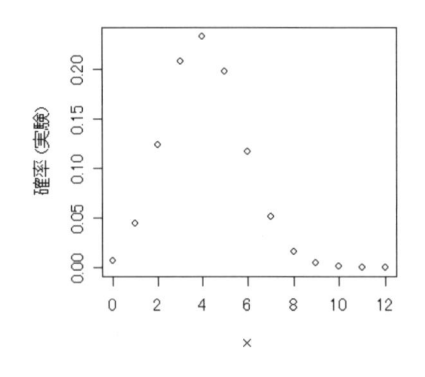

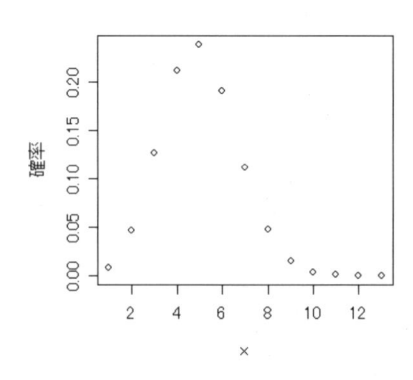

図 3.5 実験による結果　　図 3.6 2 項分布 $B(12, 1/3)$

二項分布により実験の結果を検証するために，二項分布曲線 $B(12, 1/3)$ を描画すると，図 3.6 のようになる．

```
> pp=dbinom(0:12,size=12,prob=1/3)
> pp
 [1] 7.707347e-03 4.624408e-02 1.271712e-01 2.119520e-01
 2.384460e-01
 [6] 1.907568e-01 1.112748e-01 4.768921e-02 1.490288e-02
 3.311751e-03
[11] 4.967626e-04 4.516023e-05 1.881676e-06
> plot(pp,xlab="x",ylab="確率")
```

図 3.5 の分布曲線 (実験値) の形状は，図 3.6 の分布曲線 (理論値) の形状に近いことが分かる．

次に，Poisson 分布の場合を考えてみよう．Poisson 分布の場合，以下の計算のように平均値も分散も λ になる．

3.2. 確率変数と確率分布

$$\begin{aligned} E(X) &= \sum_{n=0}^{\infty} n \frac{\lambda^n}{n!} e^{-\lambda} \\ &= \lambda \sum_{n=1}^{\infty} \frac{\lambda^{n-1}}{(n-1)!} e^{-\lambda} \\ &= \lambda \sum_{n=0}^{\infty} \frac{\lambda^n}{n!} e^{-\lambda} = \lambda \end{aligned}$$

$$\begin{aligned} V(X) &= E(X^2) - (E(X))^2 \\ &= \sum_{n=0}^{\infty} n^2 \frac{\lambda^n}{n!} e^{-\lambda} - \lambda^2 \\ &= \sum_{n=0}^{\infty} n(n-1) \frac{\lambda^n}{n!} e^{-\lambda} + \sum_{n=0}^{\infty} n \frac{\lambda^n}{n!} e^{-\lambda} - \lambda^2 \\ &= \lambda^2 \sum_{n=0}^{\infty} \frac{\lambda^{n-2}}{(n-2)!} e^{-\lambda} + \lambda - \lambda^2 \\ &= \lambda^2 + \lambda - \lambda^2 = \lambda \end{aligned}$$

Poisson 分布の平均と分散を実例で確かめてみよう．ロンドン南部地区が V ロケットで爆撃された回数のデータを解析する．ここで，V ロケットとはドイツが第二次世界大戦中 (1944 年) に開発したロケット兵器 V-2 のことであり，ロンドンには実に 1358 発が発射された．V-2 は音速以上で飛来し，その当時迎撃手段が無かったため，イギリス市民などに恐怖を与えたと言われている．

さて，ロンドンの南部地区を 567 に分け，それらの地区が V-2 により何度爆撃されたかを調べた結果，下記のようになった．

回数	0	1	2	3	4	5	6 以上
地区数	229	211	93	35	7	1	0

第3章 統計入門

```
> x=c(0,1,2,3,4,5)
> x
[1] 0 1 2 3 4 5
> y=c(229,211,93,35,7,1)
> y
[1] 229 211  93  35   7   1
> 地区総数=sum(y)
> 地区総数
[1] 576
> 平均=sum(x*y)/地区総数
> 平均
[1] 0.9288194
> 分散=sum((x-平均)^2*y)/地区総数
> 分散
[1] 0.9341694
```

これより平均と分散がほぼ等しいので，Poisson 分布が適用できる．データのグラフと Poisson 分布のグラフを描いて比較してみよう．実験結果を確率分布にするためには，y を 地区総数 で割る．

```
> plot(y/地区総数~x)
```

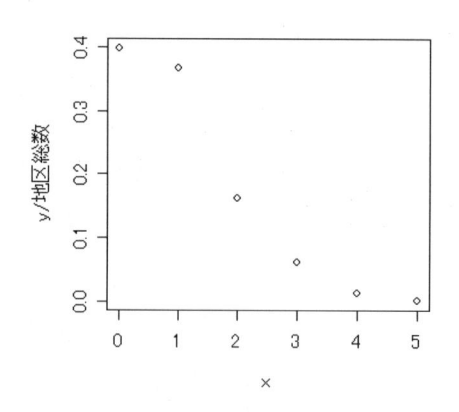

図 3.7　データによる結果

3.2. 確率変数と確率分布

```
> pd=dpois(x=0:5,lambda=平均)
> plot(pd,xlab='x',ylab='Poison 分布')
```

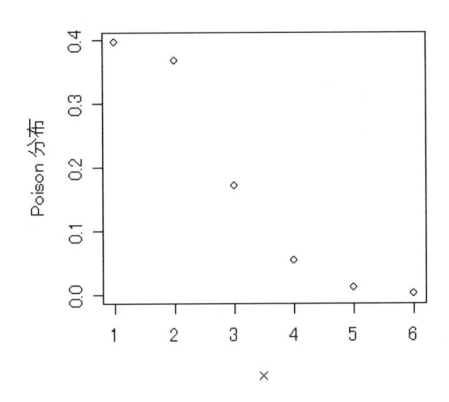

図 3.8　Poisson 分布 $(x = 6, \lambda = 0.9288194)$

最後に，正規分布の場合を考える．正規分布では，X の確率密度関数 $f(x)$ は以下のように表される．

$$f(x) = \frac{1}{\sqrt{2\pi}\sigma} e^{-\frac{(x-\mu)^2}{2\sigma^2}}$$

今，$Y = \dfrac{X - \mu}{\sigma}$ とすれば，Y の確率密度関数 $h(y)$ は

$$h(y) = \frac{1}{\sqrt{2\pi}} e^{-\frac{y^2}{2}}$$

となる．よって，$E(Y)$ と $V(Y)$ を計算すると次のようになる．

第3章　統計入門

$$
\begin{aligned}
E(Y) &= \frac{1}{\sqrt{2\pi}} \int_{-\infty}^{\infty} y e^{-\frac{y^2}{2}} dy = 0 \\
V(Y) &= E(Y^2) - (E(Y))^2 = E(Y^2) \\
&= \frac{1}{2\pi} \int_{-\infty}^{\infty} y^2 e^{-\frac{y^2}{2}} dy \\
&= \frac{1}{2\pi} \left[-y e^{-\frac{y^2}{2}} \right]_{-\infty}^{\infty} + \frac{1}{\sqrt{2\pi}} \int_{-\infty}^{\infty} e^{-\frac{y^2}{2}} dy \\
&= \frac{1}{\sqrt{2\pi}} (0 + \sqrt{2\pi}) = 1
\end{aligned}
$$

以上から，$E(X)$ と $V(X)$ を次のように求めることができる．

$$
\begin{aligned}
E(X) &= \frac{1}{2\pi} \int_{-\infty}^{\infty} x e^{-\frac{(x-\mu)^2}{2\sigma^2}} dx \\
&= \frac{1}{\sqrt{2\pi}} \int_{-\infty}^{\infty} (\mu + \sigma t) e^{-\frac{t^2}{2}} dt \\
&= \mu \frac{1}{\sqrt{2\pi}} \int_{-\infty}^{\infty} e^{-\frac{t^2}{2}} dt + \sigma \frac{1}{\sqrt{2\pi}} \int_{-\infty}^{\infty} t e^{-\frac{t^2}{2}} dt \\
&= \mu \\
V(X) &= \frac{1}{\sqrt{2\pi}} \int_{-\infty}^{\infty} (x-\mu)^2 e^{-\frac{(x-\mu)^2}{2\sigma^2}} dx \\
&= \frac{\sigma^2}{\sqrt{2\pi}} \int_{-\infty}^{\infty} t^2 e^{-\frac{t^2}{2}} dt
\end{aligned}
$$

ここで，部分積分を適用すると，次の式が得られる．

$$
\begin{aligned}
\int_{-\infty}^{\infty} t^2 e^{-\frac{t^2}{2}} dt &= -\int_{-\infty}^{\infty} t(-t) e^{-\frac{t^2}{2}} dt \\
&= \left[-t e^{-\frac{t^2}{2}} \right]_{-\infty}^{\infty} + \int_{-\infty}^{\infty} e^{-\frac{t^2}{2}} dt \\
&= \int_{-\infty}^{\infty} e^{-\frac{t^2}{2}} dt
\end{aligned}
$$

この結果を使用すると，$V(X)$ は次のようになる．

$$V(X) = \sigma^2 \frac{1}{\sqrt{2\pi}} \int_{-\infty}^{\infty} e^{-\frac{t^2}{2}} dt = \sigma^2$$

標準正規分布の平均 ($= 0$) と分散 ($= 1$) を正規乱数 1000 個を用い確かめてみよう．

```
> x=rnorm(1000)
> mean(x)
[1] 0.00631431
> sd(x)
[1] 1.037912
```

3.3　基本統計量

　統計学 (statistics) は，一般に記述統計学 (descriptive statistics) と推測統計学 (inferential statistics) に分類される．記述統計学は，集団に属するすべてのデータを収集してその集団の特徴を研究する統計学である．一方，推測統計学は，集団から一部のデータを収集してその集団の特徴を研究する統計学である．当然，データが多い集団を分析するためには，推測統計学が必要となる．

　ここでは，記述統計学について解説する．データを集めると，対象となる集団の特徴を表現することが必要となる．統計学では，集団の特徴を表現するために，**基本統計量** (basic statistic) が用いられる．基本統計量は，**代表値** (central tendency) と**散布度** (variance) に分類される．

　代表値は，集団の性質を 1 つの代表的な数値で表すものである．それに対して，散布度は，分布の散らばりを表すものである．代表値と散布度には，さらに以下のような種類がある．

第3章 統計入門

　　代表値： 平均値，中央値，最頻値，パーセンタイル
　　散布度： 分散，標準偏差，範囲，四分位偏差，変動係数，尖度，歪度

まず，**平均** (mean) について説明する．統計学では，さまざまな形の平均が使用されている．平均には，算術平均，幾何平均，調和平均がある．**算術平均** (arithmetic mean) は，相加平均とも呼ばれ，もっとも多用される平均である．

今，n 個のデータ $x_1,...,x_n$ を考えると，算術平均 m は次の式で計算される．

$$m = \frac{1}{n}\sum_{i=1}^{n} x_1$$

例題 3.6

平均は，mean で計算される．

```
> x=c(4,1,-3,5,-2,7,-3.5,-1,4.6)
> n=NROW(x); n
[1] 9
> mean(x)
[1] 1.344444
```

ここで，NROW(x) はベクトル x のデータ数を表示する．NROW の代わりに length を用いることもできる．

中央値 (median) は，データを大きさの順に並べたとき，ちょうど真中の値であり，メディアンと言われることもある．中央値 med は，次のように求められる．

$$med = x_m \qquad (m = (n+1)/2)$$
$$med = (x_m + x_{m+1})/2 \quad m = n/2$$

ただし，x_m は m 番目のデータを表す．よって，データの個数が奇数か偶数かにより中央値の定義は異なる．

例題 3.7

中央値は，median により計算される．

56

3.3. 基本統計量

```
> x=c(4,1,-3,5,-2,7,-3.5,-1,4.6)
> median(x)
[1] 1
> y=c(3,1,4,2)
> median(y)
[1] 2.5
```

最頻値 (mode) は，データ中でもっとも多い値であり，モードと呼ばれることもある．

ここで，平均値，中央値，最頻値の性質をまとめると，平均値は頑強な値でないのに対して，中央値と最頻値は頑強な値である．頑強な値とは外れ値の影響を受けにくいことを意味している．

パーセンタイル (percentile) は，データを昇順に並べたときの小さい方から数えて全体のある％に位置する値である．特に，全体の 25 %，50 %，75 % の値は，それぞれ，第 1 四分位点，第 2 四分位点，第 3 四分位点と呼ばれる．ここで，第 2 四分位点は中央値のことである．また，第 3 四分位点から第 1 四分位点を引いた値は，**四分位偏差** (quartile deviation) と呼ばれ，データのばらつきを表す．n 個のデータの p% のパーセンタイル p_perc は，次のように定義される[1]．

$$p\_perc = (1-a)d_{m+1} + ad_{m+2}$$

ここで，m は $(n-1)p/100$ の整数部，a は小数部，d_m は昇順の m 番目のデータを表す．たとえば，ベクトル y の 25 % 点は次のように計算される．

$$3 \times 25/100 = 0.75$$

より，$m=0, a=0.75$ となる．また，y を昇順に並べると，1, 2, 3, 4 となるので，$d_1 = 1, d_2 = 2$ となる．よって，

$$25\_perc = 0.25 \times 1 + 0.75 \times 2 = 1.75$$

---

[1] 文献には，異なるパーセンタイルの定義もある．

第3章 統計入門

となる．同様にして 75 % 点は，次のように計算される．

$$3 \times 75/100 = 2.25$$

より，$m=2, a=0.25$ となる．また，y を昇順に並べると，1,2,3,4 となるので，$d_3 = 3, d_4 = 4$ となる．よって，

$$75\_perc = 0.75 \times 3 + 0.25 \times 4 = 3.25$$

となる．

例題 3.8

x の第 1-3 四分位点，および，0 % 点，100 % 点は一括して，quantile で計算される．結果は表の形で表示される．

```
> quantile(y)
  0%  25%  50%  75% 100%
1.00 1.75 2.50 3.25 4.00
```

なお，quantile(y,prob=p) で $(100p)$% 点 $(0 \leq p \leq 1.0)$ を計算することもできる．

```
> quantile(y,prob=0)
0%
 1
> quantile(y,prob=0.25)
 25%
1.75
> quantile(y,prob=0.5)
50%
2.5
> quantile(y,prob=0.75)
 75%
3.25
> quantile(y,prob=0.9)
90%
3.7
```

3.3. 基本統計量

```
> quantile(y,prob=1.0)
100%
   4
```

また，x の四分位偏差は IQR(x)/2 で計算される．なお，IQR は四分位範囲とも言われる．

次に，散布度について説明する．まず，**分散** (variance) はデータのばらつきを表す．分散 s^2 の定義は，以下の通りである．

$$s^2 = \frac{1}{n} \sum_{i=1}^{n} (x_i - m)^2$$

ここで，n はデータ数，$x_1, ..., x_n$ はデータ，m は平均を表す．よって，分散により確率変数 X がどの程度の範囲にあるかを示すことができる．s^2 の定義の分母 n を $n-1$ に変えて得られる分散は**不偏分散** (unbiased variance) とも言われる．すなわち，不偏分散 u^2 の定義は，次の通りである．

$$u^2 = \frac{1}{n-1} \sum_{i=1}^{n} (x_i - m)^2$$

不偏分散は，推定や検定で利用される分散の概念である．すなわち，不偏分散は母分散の推定値を表す．なお，不偏分散は var で計算される．データ数が多ければ，分散と不偏分散の差は無視することができる．

$$S = \sum_{i=1}^{n} (x_i - m)^2$$

で定義される S は**偏差平方和** (sum of square bias) とも言われる．また，

$$x_i - m$$

は**偏差** (bias) とも言われる．

標準偏差 (standard deviation) は，分散の平方根であり，確率分布がその平

59

均値 μ のまわりにどの程度広がっているかを与える値と考えられる．標準偏差 σ は，

$$\sigma = \sqrt{V}$$

で表される．標準偏差は，`sd` で計算される．

範囲 (range) は，最大値から最小値を引いた値であり，データのばらつきを表す．なお，範囲 R は次のように定義される．

$$R = Max - Min$$

ここで，Max は最大値，Min は最小値を表す．よって，R の値が大きいほどデータのばらつきが大きいことになる．

変動係数 (coefficient of variation) は，標準偏差を平均で割った値であり，単位の異なるデータのばらつきを表す．すなわち，変動係数 C は，平均値に対する標準偏差の割合を表すものであり，次のように定義される．

$$C = \frac{\sigma}{m}$$

変動係数が大きいほどばらつきが大きいということになる．

例題 3.9

範囲，標準偏差，変動係数などは，次のように計算される．

```
> x=c(4,1,-3,5,-2,7,-3.5,-1,4.6)
> n=NROW(x)
> n
[1] 9
> range(x)
[1] -3.5  7.0
> IQR(x)
[1] 6.6
> IQR(x)/2
[1] 3.3
```

3.3. 基本統計量

```
> var(x)
[1] 15.26778
> sd(x)
[1] 3.9074
> sum((x-mean(x))^2)/n
[1] 13.57136
> sqrt(sum((x-mean(x))^2)/n)
[1] 3.683932
> C=sd(x)/mean(x)
> C
[1] 2.906331
```

データの分布を特徴付ける概念として **5 数要約** (five number summary) がある．ここで，5 数とは最小値，下ヒンジ値，中央値，上ヒンジ値，最大値を意味している．**下ヒンジ値** (lower hinji) とは最小値と中央値の間の中央値，また，**上ヒンジ値** (upper hinji) とは中央値と最大値の間の中央値である．

例題 3.10

5 数要約は，`fivenum` で得られる．

```
> y=c(3,1,4,2)
> fivenum(y)
[1] 1.0 1.5 2.5 3.5 4.0
```

なお，結果は上記の順序で表示されている．

さて，集団の分布は，必ずしも正規分布になるとは限らない．すなわち，分布は左右対称でなくゆがみやとがりを持つことがある．ゆがみを表す値は**歪度 (わいど)** (kurtosis)，また，とがりを表す値は**尖度 (せんど)** (skewness) と呼ばれる．

例題 3.11

歪度 Sk は，次の式で定義される．

$$Sk = \frac{n}{(n-1)(n-2)} \frac{1}{u^3} \sum_{i=1}^{n}(x_i - m)^3$$

61

第 3 章　統計入門

なお，$Sk = 0$ ならば左右対称であることを意味している．また，$Sk > 0$ ならば右に歪であることを意味し，$Sk < 0$ ならば左に歪んでいることを意味している．

一方，尖度 Ku は，次の式で定義される[2]．

$$Ku = \frac{n(n+1)}{(n-1)(n-2)(n-3)} \frac{1}{u^4} \sum_{i=1}^{n} (x_i - m)^4 - \frac{3(n-1)^2}{(n-2)(n-3)}$$

なお，$Ku = 0$ ならば正規分布と同じ形であることを意味している．また，$Ku > 0$ ならば正規分布より尖っていることを意味し，$Ku < 0$ ならば正規分布より扁平であることを意味している．

```
> x=c(1.89,2.43,2.37,2.3,1.74)
> n=length(x)
> Sk=((n/((n-1)*(n-2)))*sum((x-mean(x))^3))/
((sqrt(var(x)))^3)
> Sk
[1] -0.6407088
> Ku=(((n*(n+1))/((n-1)*(n-2)*(n-3)))*sum((x-mean(x))^4))/
((sqrt(var(x)))^4) -
+ (3*((n-1)^2))/((n-2)*(n-3))
> Ku
[1] -2.458639
```

ここで，> Ku の上の + はコマンド入力途中に改行を行ったことを示している．

---

[2] 尖度と歪度の定義にはいくつかのものがあるが，ここで紹介したものは標準的なもので Excel や SAS などで採用されている．

第4章 グラフィックス

4.1 簡単なグラフ

第4章では，グラフィックスについて説明する．グラフの描画は，plot で行われる．

例題 4.1

$y = \sin x$ のグラフを1周期分描画してみよう．まず，データの範囲を seq で指定し，次に，関数の定義を入力し，最後に plot でグラフを表示させる．

```
> x = seq(0,2*pi,len=100)
> y=sin(x)
> plot(x,y,type='l',xlab='x',ylab='sin x',main='y = sin x')
```

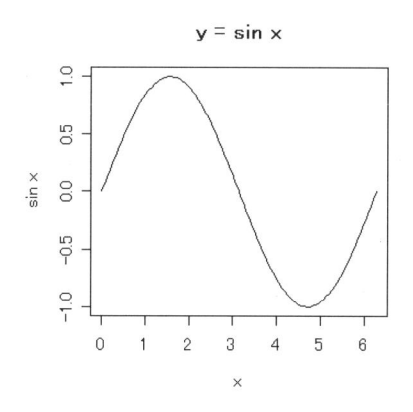

図 4.1　$y = \sin x$ のグラフ

第4章　グラフィックス

type = 'l' (エル) は，曲線表示のパラメタである．なお，他の type としては，p (点)，h (ヒストグラム) などがある．また，xlab, ylab により x, y 軸にラベルを付加することができる．

グラフのタイトルは，main で挿入可能である．以上の入力コマンドにより，次のようなグラフが別のウインドウ (R Graphics) に表示される (図 4.1)．ここで，y 軸には数字とラベルが平行に表示されているが，垂直に表示させるためには，par(las=1) と入力後，プロットする．なお，元に戻したい場合には，par(las=0) と入力後，プロットする．

例題 4.2

複数の関数のグラフの描画のためには，curve を用いる．たとえば，$y = \sin x$ と $y = \cos x$ のグラフを同時表示は，次のように行われる．

```
> curve(sin(x),-2*pi,2*pi,xlab='x',y='y',
+ main='sin(x)&cos(x)')
> curve(cos(x),-2*pi,2*pi,add=TRUE)
```

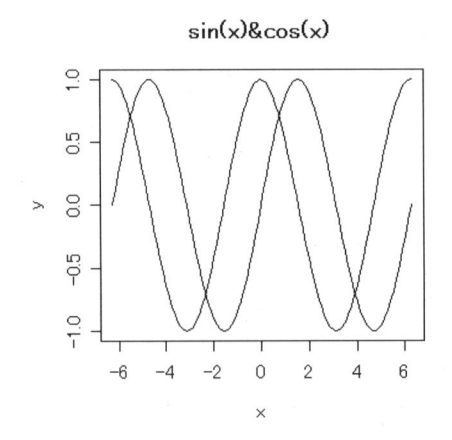

図 4.2　複数のグラフの表示

まず，curve で $\sin x$ のグラフを表示させ，次に，再び curve で $\cos x$ を表示させるが，その際，追加グラフのオプション add=TRUE を指定する．このオプションを指定しないと，$\cos x$ のグラフのみが表示される．

4.2　ヒストグラム

データ解析において，データのばらつきの状態，すなわち，分布を分析することは非常に重要である．すなわち，データの分布状態を分析することによって，データの統計的解析が可能となる．データ中にどのような数値が何回出現しているかを計測することにより，データのばらつき具合がわかるが，これは**度数分布** (frequency distribution) と言われる．そして，度数分布を表にしたものが**度数分布表** (frequency table) である．また，度数分布表を棒グラフ化したものがいわゆる**ヒストグラム** (histogram) である．

例題 4.3
正規乱数を 1000 個発生させ，度数を 25 分割した場合のヒストグラムを描画してみよう．n 個の正規乱数 rnorm(n) で発生させる．次に，hist でヒストグラムを表示する (図 4.3)．第 2 引数は，箱の数である．

```
> x=rnorm(1000)
> hist(x,25,xlab='正規乱数値',ylab='度数',main='正規分布図')
```

なお，乱数の数を 10000 個にして 30 分割でヒストグラムを表示させると，図 4.4 のようになる．

ここで，得られたヒストグラムが前述の正規分布のグラフと似ていることを確かめよ．似ていない時には，乱数の数を増やす必要がある．しかし，箱の数を増やすと乱数の数も増やさなくてはならない．

第4章 グラフィックス

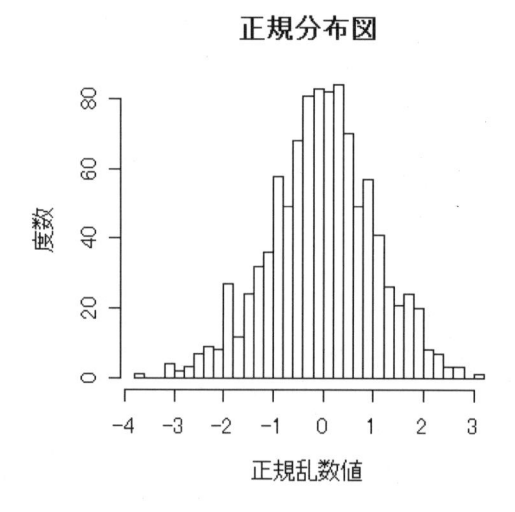

図 4.3　ヒストグラム (1000 個，25 分割)

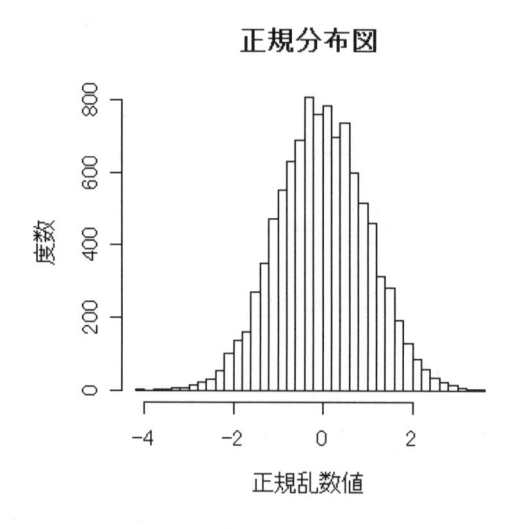

図 4.4　ヒストグラム (10000 個，30 分割)

4.2. ヒストグラム

実際，ヒストグラムを曲線化すると，正規分布曲線に似た形になる．近似曲線の追加は，density により**密度評価** (density estimation) した結果を lines で曲線にすれば良い．この場合，hist のパラメタとして prob=TRUE が必要となる．すなわち，全体の面積は 1 に規格化される．

```
> hist(x,30,prob=TRUE,xlab='正規乱数値',ylab='度数',main='ヒストグラムと近似曲線')
> lines(density(x))
```

図 4.5 は，コマンド再度実行のためヒストグラムの形状は図 4.4 と多少異なる．

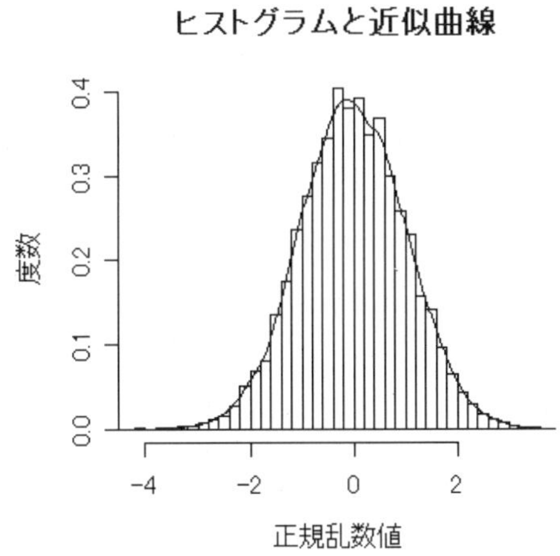

ヒストグラムと近似曲線

図 4.5　ヒストグラム (1000 個，25 分割)

次に，待ち時間分布のデータをもとに度数分布表を作成してみよう．

例題 4.4 (UsingR 例題 2 (待ち時間分布))

データセット faithful は，待ち時間分布のデータである．

```
> library(UsingR)
> data(faithful)
> attach(faithful)
> hist(waiting,xlab='待ち時間',ylab='度数',main='')
```

第4章　グラフィックス

ここで，attach は R がデータセットのデータをサーチするためのコマンドである．そうすると，ヒストグラムが表示される (図 4.6)．これを規格化すると，図 4.7 のようになる．さらに，近似曲線を追加すると，図 4.8 のようになる．

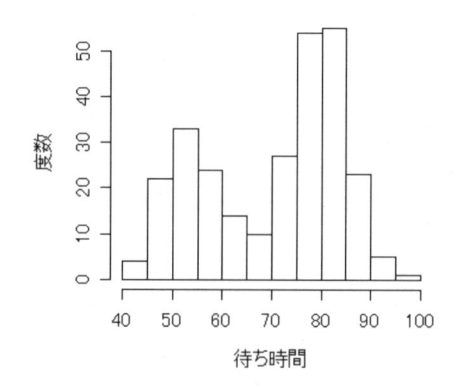

図 4.6　待ち時間分布のヒストグラム (1)

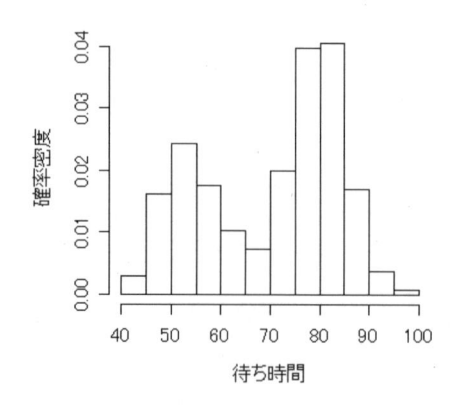

図 4.7　待ち時間分布のヒストグラム (2)

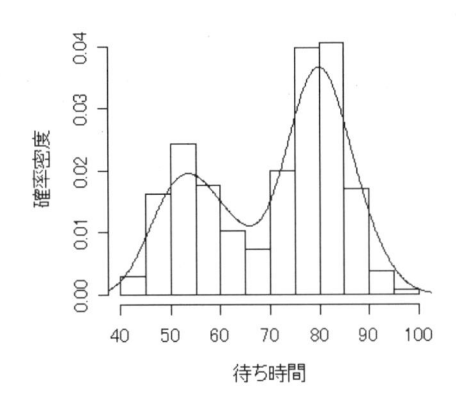

図 4.8　待ち時間分布のヒストグラム (3)

4.3　他のグラフ

ここでは，他のグラフについて説明する．まず，**対数グラフ** (logarithmic graph) について説明する．世界の多くの現象は指数関数的なものである．このような現象を対数の概念で捉えると比例関係として解釈することが可能となる．よって，通常の目盛りを対数目盛りにしたグラフが考えられる．ただし，対数の底は 10 とする．すなわち，常用対数が用いられる．x, y 軸の片方を対数目盛りにしたグラフは**片対数グラフ** (semi-logarithmic graph)，両方を対数目盛りにしたグラフは**両対数グラフ** (log-log graph) と言われる．

例題 4.5
たとえば，指数関数的な現象は

$$y = Ae^{\alpha x}$$

と記述される．ここで，A, α は定数である．これを

第4章　グラフィックス

$$y/A = e^{\alpha x}$$

と変形し，両辺の対数を取ると，

$$\log y - \log A = x\alpha \log e = x\alpha$$

となる．今，x を通常軸，y を対数軸とすると，次のようになる．

$$\frac{\log y_2 - \log y_1}{x_2 - x_1} = \alpha \log e$$

よって，α は容易に決定される．これが片対数グラフの原理である．

また，べき乗的な現象は

$$y = Kx^p$$

と記述される．ここで，K, p は定数である．両辺の対数と取ると

$$\log y = \log K + p \log x$$

となるが，x, y を対数軸とすると，

$$\frac{\log y_2 - \log y_1}{\log x_2 - \log x_1} = p$$

が成り立つ．よって，p は対数計算で求められる．これが，両対数グラフの原理である．これらの対数グラフは採取データの解析に非常に有効である．

では，片対数グラフを作成してみよう．まず，データから通常のグラフを表示させる (図 4.9)．

```
> x=c(1,2,3,4,5)
> y=c(1/2,1/2^2,1/2^3,1/2^4,1/2^5)
> plot(x,y)
```

片対数グラフを表示するためには，次のように入力する (図 4.10)．

```
> plot(x,y,log='y')
```

4.3. 他のグラフ

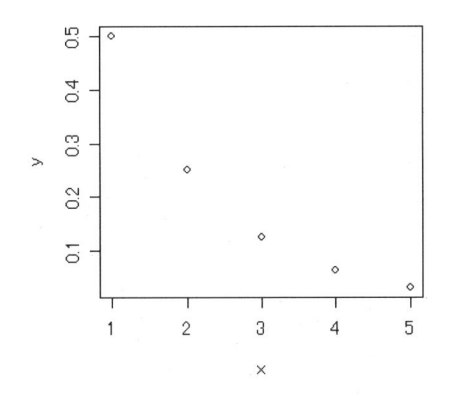

図 4.9　指数関数的現象データのプロット

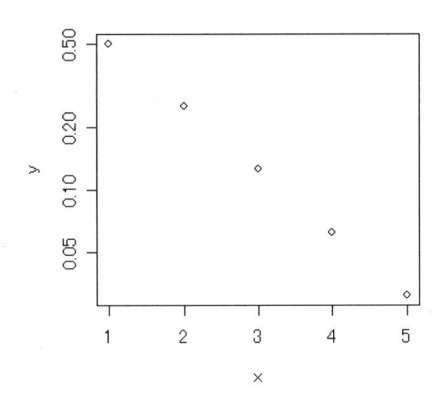

図 4.10　片対数グラフ

次に，両対数グラフを作成する．まず，データから通常のグラフを表示させる (図 4.11).

```
> x=c(1,2,3,4,5)
> y=c(1,4,9,16,25)
```

第 4 章 グラフィックス

```
> plot(x,y)
```

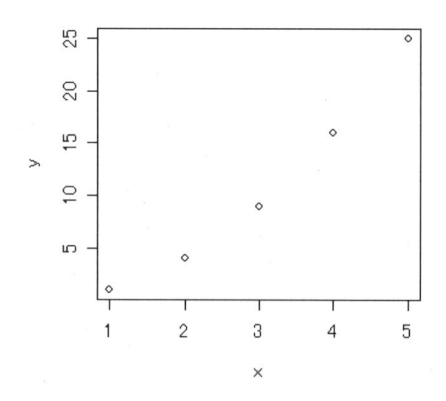

図 **4.11**　べき乗関数的現象データのプロット

両対数グラフを表示するためには，次のように入力する (図 4.12).

```
> plot(x,y,log='xy')
```

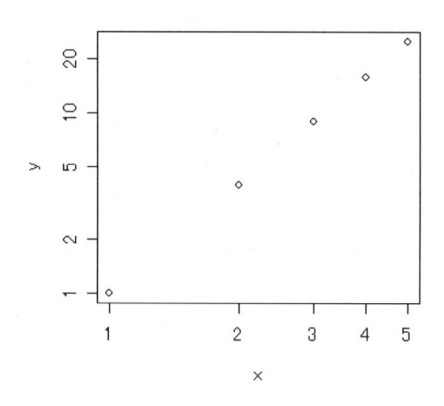

図 **4.12**　両対数グラフ

4.3. 他のグラフ

さて，plot で各種のパラメタを指定することにより，グラフを改良することができる．まず，点の形を変えたい場合，pch = p で指定する．たとえば，p=21 で白丸，p=22 で白四角形，p=23 で白ダイアモンドとなる．出力記号の大きさやマージンを変更する場合には，cex=a,mex=b で指定する．たとえば，cex=1.25,mex=1.25 とすると，出力記号は 25 ％ 大きくなり，マージンは 25 ％ 広くなる．点の色を変えたい場合には，col = c で指定する．たとえば，c=2 で赤，c=3 で緑，c=4 で青になる．また，n 個の点を別の色にしたい場合には，col = 1:n とする．y 軸に関数の式を表示したい場合，ylab=expression(e) で指定する．たとえば，$y = \sqrt{x}$ のグラフの y 軸のラベルを $\sqrt{x}$ にしたい場合，次のように入力する．

```
> x=1:10
> y=sqrt(x)
> plot(x,y,xlab='x',ylab=expression(sqrt(x)),type='l')
```

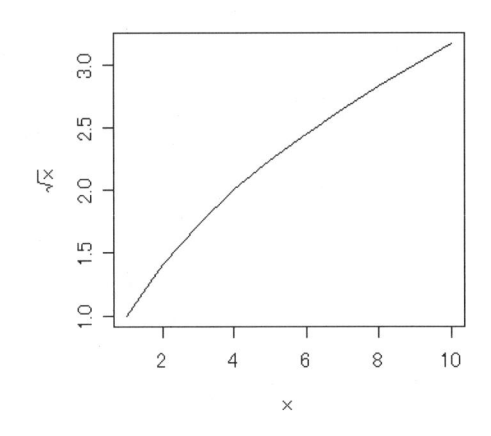

図 4.13　y 軸ラベルに式表示

第4章 グラフィックス

例題 4.6

ボックスプロット (boxplot) は，複数の分布を比較する場合に用いられる．二つの方法による氷の溶解時の潜熱 (cal/gm) に関するデータ A, B があるとする．

方法 A
79.98　80.04　80.02　80.04　80.03　80.03　80.04
79.97　80.05　80.03　80.02　80.00　80.02

方法 B
80.02　79.94　79.98　79.97　79.97　80.03　79.95
79.97

これらのデータから boxplot によりボックスプロットを行ってみよう．なお，データはコマンドラインから入力する．

```
> a=scan()
1: 79.98
2: 80.04
3: 80.02
4: 80.04
5: 80.03
6: 80.03
7: 80.04
8: 79.97
9: 80.05
10: 80.03
11: 80.02
12: 80.00
13: 80.02
14:
Read 13 items
> b=scan()
1: 80.02
2: 79.94
3: 79.98
4: 79.97
5: 79.97
```

4.3. 他のグラフ

```
6: 80.03
7: 79.95
8: 79.97
9:
Read 8 items
> boxplot(a,b)
```

図 4.14 において，箱の外の丸い点は外れ値である．また，箱の中央付近の線分は中央値，箱の上部の線分は 75 % 点，下部の線分 25 % 点，箱の上に飛び出た線分は最大値，箱の下に飛び出た線分は最小値を表す．なお，これらは外れ値を除いたデータに対するものである．一見すると，方法 A の方が B より高い精度の結果を与えているように見える．しかし，両者の間に有意な差があるかどうかは同等性の検定が必要である．

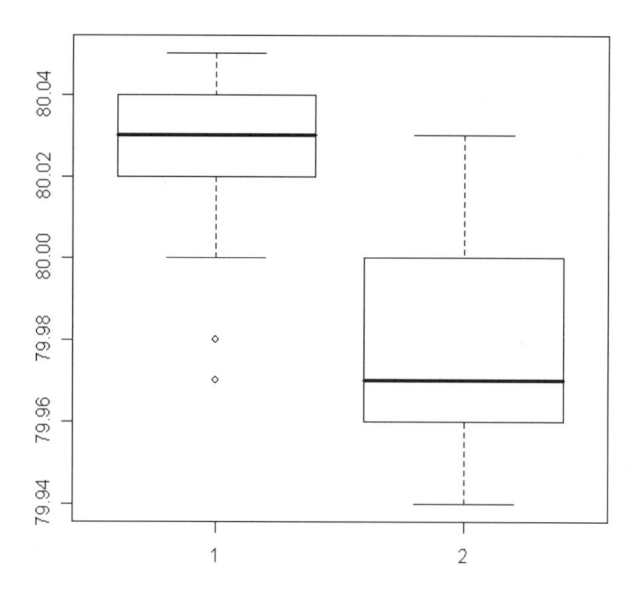

図 4.14　ボックスプロット

第4章　グラフィックス

例題 4.7

幹一葉グラフ (stem-and-leaf graph) は，データセットを形と分布を示すように配置するグラフであり，度数分布表よりもより情報を持つグラフである．ここで，各データは幹 (stem) と葉 (leaf) に分解される．たとえば，2桁の整数データの場合，10の桁を幹，1の桁を葉とすれば良い．よって，21は2|1と分解される．今，次のデータを考えてみよう．

18, 49, 3, 5, 18, 0, 27, 11, 32, 22, 53, 0, 7, 45, 36

n桁のデータベクトル x の幹一葉グラフは，stem(x,scale=n) により作成される．

```
> x=scan()
1: 18
2: 49
3: 3
4: 5
5: 18
6: 0
7: 27
8: 11
9: 32
10: 22
11: 53
12: 0
13: 7
14: 45
15: 36
16:
Read 15 items
> stem(x,scale=2)

  The decimal point is 1 digit(s) to the right of the |

  0 | 00357
  1 | 188
  2 | 27
  3 | 26
```

```
4 | 59
5 | 3
```

例題 4.8

R では，通常よく使用されるグラフも作成することができる．**棒グラフ** (bar chart) は，項目ごとの値の比較を行うためのグラフであり，ヒストグラムも棒グラフの一種である．また，値の度数や割合の比較にも用いられる．データベクトル x を番号，データベクトル y を値とした時，縦棒グラフは barplot で作成することができる (図 4.15)．

```
> x=c(1,2,3,4,5,6,7,8,9,10)
> y=c(170,185,169,184,177,178,181,170,168,190)
> barplot(y,xlab='number',ylab='value',main='barchart',
names.arg=x,
+ ylim=c(0,200))
```

ここで，name.arg は各棒下に表示されるベクトル，ylim は y 軸の限界を表す．

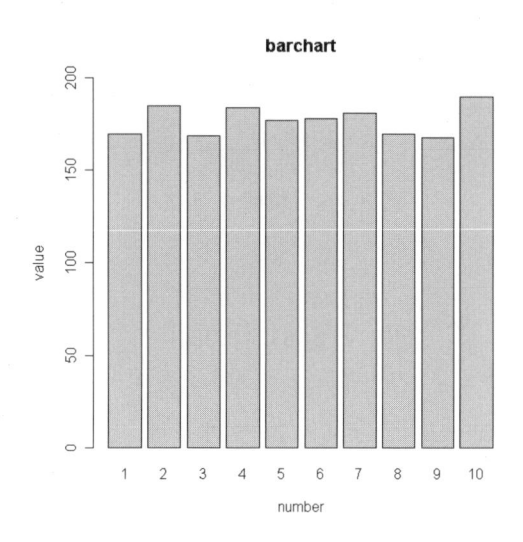

図 4.15 縦棒グラフ

第 4 章　グラフィックス

横棒グラフの作成では，オプション horiz=TRUE を指定すれば良い．ただし，name.arg と xlim の値を変える必要がある (図 4.16)．

```
> x=c(1,2,3,4,5,6,7,8,9,10)
> y=c(170,185,169,184,177,178,181,170,168,190)
> barplot(y,xlab='value',ylab='number',main='barchart',
names.arg=x,
+ xlim=c(0,200),horiz=TRUE)
```

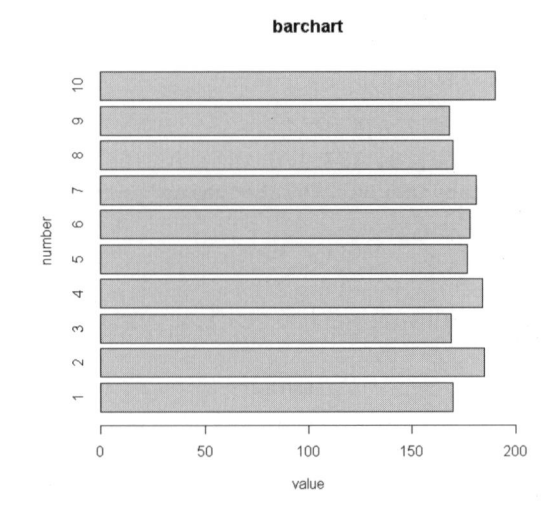

図 4.16　横棒グラフ

例題 4.9

円グラフ (pie chart) は，全体に対する項目の関係や比較を行うための円状のグラフであり，アンケートなどで用いられる．円グラフは，pie で作成される．なお，項目の名前は names で与えられる．各項目は，色分けされる．ブラウザの使用率を円グラフにしてみよう．

```
> browser=c(86,4,5,1,4)
> names(browser)=c('IE','Mozilla','NN','Opera','others')
```

4.3. 他のグラフ

```
> browser.col=c('red','green','white','yellow','cyan')
> pie(browser,col=browser.col,main='browser')
> names(browser)=c('IE','Mozilla','NN','Opera','others')
> browser.col=c('red','green','white','yellow','cyan')
> pie(browser,col=browser.col,main='browser')
```

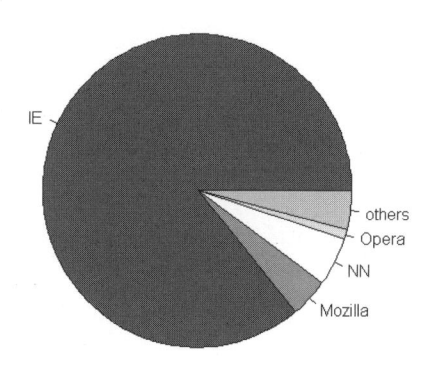

図 4.17 円グラフ

ここで，col により項目の色が指定されている．なお，円グラフの大きさは半径を radius 指定することにより変えられる．

第5章　統計処理

5.1　相関分析

　第 5 章では，さまざまな統計処理について論じる．相関分析，回帰分析，時系列分析を解説した後，推定と検定について説明する．

　今，2 つの変量の対のデータ $(x_1, y_1), ..., (x_n, y_n)$ があるとすると，x_i, y_i 間の関係を考える必要がある．今，2 つの変量を x, y とした時，もし一方の変化が他方の変化にある種の関係を与えているならば，x と y の間には**相関関係** (correlation) があると言われる．変量 x が増加すると変量 y も増加する時，x と y は正の相関にあると言われる．変量 x が増加すると変量 y も減少する時，x と y は負の相関にあると言われる．また，両者にいずれの関連もない時，無相関であると言われる．相関関係は，**相関図** (correlation diagram) を用いることにより図式化することができる．

　今，2 つの変量 x, y が次の形の**相関表** (correlation table) を満足しているとする．

x	x_1	...	x_n
y	y_1	...	y_n

図 **5.1**　相関表

　相関表から，図 5.2 のように x 軸を横軸に y 軸を縦軸にした図が相関図である．なお，相関図は散布図と呼ばれることもある．

第 5 章　統計処理

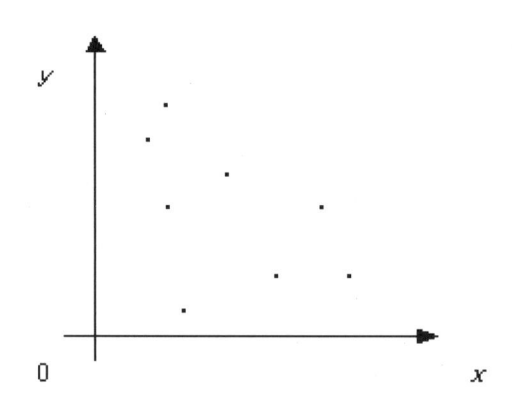

図 5.2　相関図

二つのデータの相関関係の程度を表す数は，**相関係数** (correlarion coefficient) と言われる．相関係数 r は，$-1 \leq r \leq r$ を満足する実数値である．r が 1 に近い時には正の相関があると言い，-1 に近ければ負の相関があると言う．また，r が 0 に近い時には，無相関と言われる．

相関係数にはいくつかの定義があるが，通常，Pearson (ピアソン) の**積率相関係数** (product-moment correlation coefficient) が用いられる．この相関係数は，偏差の正規分布を仮定するパラメトリックな方法である．x, y の相関係数 r は，次のように定義される．

$$r = cor(x, y) = \frac{\sum (x_i - \overline{x})(y - \overline{y})}{\sqrt{\sum (x_i - \overline{x})^2 \sum (y_i - \overline{y})^2}}$$

ただし，$\overline{x}, \overline{y}$ はそれぞれ x, y の平均を表す．

相関係数 r から，一般に次のように相関関係を判定することができる．

$0.8 \leq |r|$:　　　強い相関あり
$0.6 \leq |r| < 0.8$:　相関あり
$0.4 \leq |r| < 0.6$:　弱い相関あり
$|r| < 0.4$:　　　　相関なし

5.1. 相関分析

相関関係は**因果関係** (causality) と関連していると考えられる．しかし，相関関係があっても見かけ上のものであることもある．ここで，見かけ上のものということは，データ上では成り立つが科学的根拠が乏しいことを意味している．たとえば，データ的には血圧と所得には正の相関があると考えられるが，所得は血圧よりも年齢や労働量などと相関がありそれが影響している結果であると考えられる．Hill (ヒル) は二つの要因の間に相関関係が成り立つ時，因果関係が成り立つ場合 (必要条件) の基準を次のように設定している (Hill (1965))．

(1) 二つの要因に相関関係がある．
(2) 相関関係が常に成り立つ．
(3) 二つの要因間の相関関係は特異である．
(4) 時間的前後関係が明瞭である．
(5) それなりの学問的なメカニズムが想定できる．
(6) もっともらしい．
(7) 他の仮説と矛盾しない．
(8) 実験的な証拠がある．
(9) アナロジーが成り立つ．

各基準はもっともなものであるが，(3) は二つの要因間の関連が強いことを意味する．また，(4) は因果要因は依存要因より先行することを意味する．これらの基準により，因果関係を因果関係のない関連と区別することができる．

例題 5.1
では，惑星の太陽からの距離と惑星の質量の間に相関があるかどうかを考えてみよう．なお，軌道長半径と公転周期の関係は Kepller (ケプラー) の第 3 法則により解釈されるものとする．すなわち，惑星の公転周期の 2 乗は軌道の半長径の 3 乗に比例する．

次の表 (出典: 理科年表第 77 冊) は，地球の軌道長半径 (長さ)，地球の質量 (質量)，地球の周期 (地球) に関するデータである．

第5章 統計処理

	軌道長半径	質量	公転周期
水星	0.3871	0.05527	0.24085
金星	0.7233	0.815	0.61521
地球	1	1	1
火星	1.5237	0.1074	1.88089
木星	5.2026	317.83	11.8622
土星	9.5549	95.16	29.4578
天王星	19.2184	14.54	84.0223
海王星	30.1104	17.15	164.774
冥王星	39.5405	0.0023	247.796

相関のチェックと散布図の表示は，cor.test によって次のように行われる．

```
> length=c(0.3871,0.7233,1,1.5237,5.2026,9.5549,19.2184,
30.1104,39.5405)
> mass=c(0.05527,0.815,1,0.1074,317.83,95.16,14.54,17.15,
0.0023)
> cor.test(length,mass)

        Pearson's product-moment correlation

data:  length and mass
t = -0.4313, df = 7, p-value = 0.6792
alternative hypothesis: true correlation is not equal to 0
95 percent confidence interval:
 -0.7453655  0.5634400
sample estimates:
      cor
-0.160883

> plot(length,mass)
```

x, y の相関係数は cor(x,y) で計算されるが，cor.test(x,y) による相関テストにより相関係数およびその信頼区間を計算することもできる．ここでは，

5.1. 相関分析

−0.16，その信頼区間は [−0.745, 0.563] となっているので，相関はないという結論を出すことができる．また，相関図は図 5.3 のようになる．

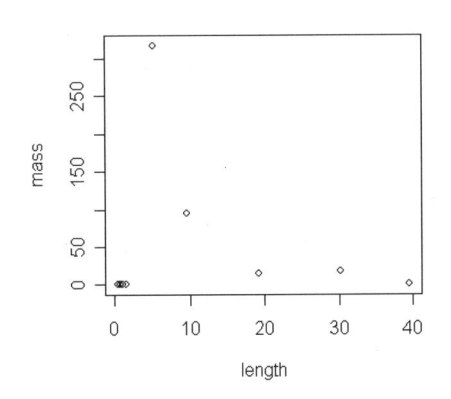

図 5.3　軌道長半径と質量の間の相関図

例題 5.2

次に，シマリスの体温と心拍数の関係を考えてみよう (出典: 理科年表第 77 冊).

体温	心拍数
38.8	493.5
33.0	399.0
39.2	485.0
35.8	476.7
16.8	244.4
12.9	199.0
12.3	195.4
9.4	96.2
8.6	77.5
8.3	68.4
8.1	63.4

相関のチェックと散布図の表示は，次のように行われる．

第 5 章 統計処理

```
> temp=c(38.8,33.0,39.2,35.8,16.8,12.9,12.3,9.4,8.6,8.3,8.1)
> count=c(493.5,399.0,485.0,476.7,244.4,199.0,195.4,96.2,
77.5,68.4,63.4)
>   cor.test(temp,count)

        Pearson's product-moment correlation

data:  temp and count
t = 17.6374, df = 9, p-value = 2.743e-08
alternative hypothesis: true correlation is not equal to 0
95 percent confidence interval:
 0.9445615 0.9964399
sample estimates:
      cor
0.9858406

> plot(temp,count)
```

相関係数は 0.986, その信頼区間は [0.944, 0.996] であるので，強い相関があるという結論を出すことができる．また，相関図は図 5.4 のようになる．

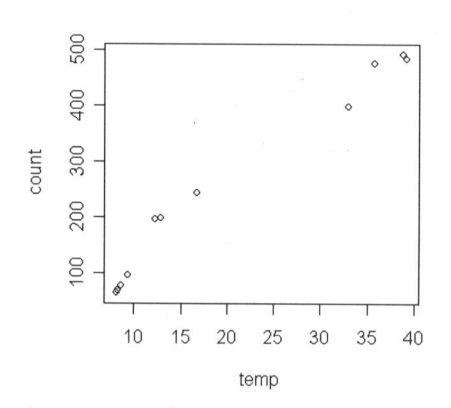

図 5.4 体温と心拍数の間の相関図

5.2 回帰分析

相関分析は，変量 x, y 間の関係の有無を調べる手法であったが，より緻密なデータ解析のためには，変量間の定量的な関係を見極める必要がある．なぜならば，このような関係を知ることによってデータの予測を行うことができるからである．**回帰分析** (regression analysis) とは，x の値から y の値を予測するための分析法である．回帰分析には，x と y の関係を直線に当てはめる**単回帰分析** (linear regression analysis) と，曲線に当てはめる**多項式回帰分析** (polynomial regression analysis) などがある．ここでは，単回帰分析のみを解説することにする (今後，単回帰分析を回帰分析と言うことにする)．回帰分析では，いくつかの点の集合に対してその定量的関係をもっとも表す直線を当てはめるが，その直線の推定の誤差を最小にすることが必要である．このようにして得られた直線は**回帰直線** (regression line) と呼ばれ，推定誤差を最小にする手法は**最小二乗法** (least squares method) と呼ばれる．

最小二乗法では，ある x に対して，その回帰直線上から y 方向へのデータ点までの距離の平方の和が最小になるように直線を当てはめる．このようにして当てはめられた直線は，x に対する y の回帰直線と言われる．今，求める回帰直線の式を $y = ax + b$ とする．ここで，データ点の 1 つの点 P_i の座標を (x_i, y_i) とする．また，点 P_i と同じ x 座標を持つ回帰直線上の点 Q_i の座標を $(x_i, ax_i + b)$ とし，点 P_i と Q_i の間の距離を d_i とする (図 5.5)．

最小二乗法では，$\sum_{i=1}^{n} d_i^2$ が最小になるような a, b を計算する．すなわち，

$$S(a,b) = \frac{1}{N} \sum_{i=1}^{n} (y_i - (ax_i + b))^2$$

を最小にする a, b を求めれば良い．そのためには，

$$\frac{\partial S}{\partial a} = 0, \ \frac{\partial S}{\partial b} = 0$$

第 5 章　統計処理

を満足する a, b を計算することになる．

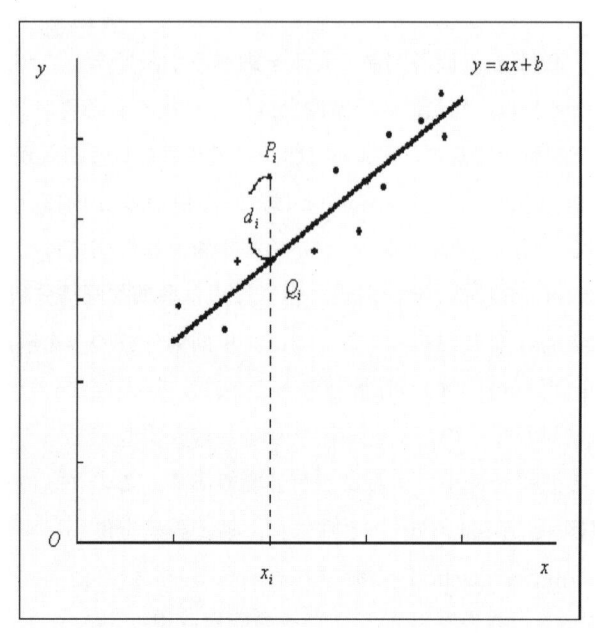

図 5.5　最小二乗法の原理

よって，連立方程式

$$a\sum_{i=1}^{n} x_i^2 + b\sum_{i=1}^{n} x_i = \sum_{i=1}^{n} x_i y_i$$

$$a\sum_{i=1}^{n} x_i + bn = \sum_{i=1}^{n} y_i$$

を a, b について解くことになる．そうすると，

$$a = r(x, y)\frac{\sigma(y)}{\sigma(x)},$$

$$b = \overline{y} - a\overline{x}$$

となるので，これらを $y = ax + b$ に代入すると，y の x への回帰直線を次のように求めることができる．

5.2. 回帰分析

$$y = \overline{y} + r(x,y)\frac{\sigma(y)}{\sigma(x)}(x - \overline{x})$$

同様にして，x の y への回帰直線を求めることもできる．すなわち，x と y を入れ替えて

$$\sum_{i=1}^{n}(x_i - (cy_i + d))^2$$

を最小にする回帰直線を計算すれば良い．そうすると，求める直線は

$$x = \overline{x} + r(x,y)\frac{\sigma(x)}{\sigma(y)}(y - \overline{y})$$

となる．

例題 5.3

rate と gain が次のように得られている場合の両者の関係を調べてみよう．

```
> rate=c(50,75,100,125,150)
> gain=c(21.2,19.9,19.2,18.4,17.9)
> plot(gain~rate)
```

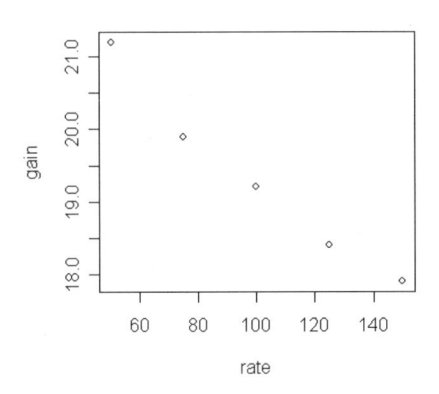

図 5.6　データのプロット

第5章 統計処理

ここで，gain~rate は「gain は rate によりモデル化される」と読まれる．まず，直線で近似すると次のようになる．

```
> ans1=lm(gain~rate)
> summary(ans1)

Call:
lm(formula = gain ~ rate)

Residuals:
    1     2     3     4     5
 0.26 -0.23 -0.12 -0.11  0.20

Coefficients:
             Estimate Std. Error t value Pr(>|t|)
(Intercept) 22.560000   0.334963   67.35 7.21e-06 ***
rate        -0.032400   0.003158  -10.26  0.00197 **
---
Signif. codes:  0 '***' 0.001 '**' 0.01 '*' 0.05 '.' 0.1 ' ' 1

Residual standard error: 0.2497 on 3 degrees of freedom
Multiple R-Squared: 0.9723,     Adjusted R-squared: 0.9631
F-statistic: 105.3 on 1 and 3 DF,  p-value: 0.001974

> lines(rate,fitted(ans1))
```

ここで，lm を線形モデルを記述する．また，summary は近似の概要を表示する．上記の結果は，切片は 22.56 ± 0.334，傾きは -0.324 ± 0.00315，$R^2 = (cor(gain, rate))^2$ は 0.9723 と解釈される．

また，近似直線の追加は，lines のオプション fitted の指定で行われる（図5.7）．

次に，2次関数で近似してみると，次のようになる（図5.8）．

```
> ans2=lm(gain~rate+I(rate^2))
> summary(ans2)

Call:
lm(formula = gain ~ rate + I(rate^2))
```

5.2. 回帰分析

```
Residuals:
        1         2         3         4         5
 0.045714 -0.122857  0.094286 -0.002857 -0.014286

Coefficients:
              Estimate Std. Error t value Pr(>|t|)
(Intercept)  2.406e+01  4.557e-01  52.799 0.000359 ***
rate        -6.669e-02  9.911e-03  -6.728 0.021384 *
I(rate^2)    1.714e-04  4.902e-05   3.497 0.072943 .
---
Signif. codes:  0 '***' 0.001 '**' 0.01 '*' 0.05 '.' 0.1 ' ' 1

Residual standard error: 0.1146 on 2 degrees of freedom
Multiple R-Squared: 0.9961,     Adjusted R-squared: 0.9922
F-statistic: 255.7 on 2 and 2 DF,  p-value: 0.003895

> lines(rate,fitted(ans2))
```

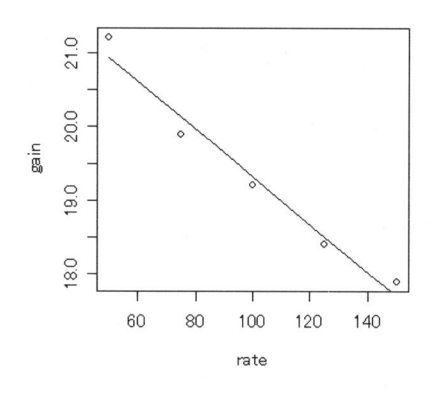

図 5.7　近似直線の追加　　　図 5.8　近似曲線の追加

ここで，R^2 を比較すると，2 次関数での近似の方が 1 次関数での近似よりも良いことが分かる．

なお，lm では複数の線形モデルを使用することができる．たとえば，この例において 1, 2, 3 次関数までが必要な場合には，

```
lm(gain~rate+I(rate^2)+I(rate^3))
```

とする．また，1 次関数と 3 次関数が必要な時には次のように書く．

```
lm(gain~rate+I(rate^3))
```

5.3 時系列分析

世の中には時間の経過とともに構成されるデータがあるが，これらのデータは**時系列データ** (time series data) と言われる．**時系列分析** (time series analysis) は，時系列データを調べることにより，それらのデータの特徴を明らかする手法である．時系列データはある規則により動いているが，この規則を記述する式は，**時系列モデル** (time series analysis model) と言われる．

時系列分析のモデルには，AR モデル，MA モデル，これらを総合した ARMA モデル，ARIMA モデル，ARCH モデルなどがある．

単純な時系列分析では，データのプロットと周期性を取り出すいわゆる**自己相関係数 (関数)** (autocorrelation) が用いられる．データをプロットすることにより，時間の経過によるデータの動きである**動向** (trend) が分かる．ここで，ヒストグラムも利用することができる．系列データは時間 t に関連しており，時間関数 $x(t)$ で記述することができる．$x(t)$ は，一般的には周期関数ではなく不規則変動関数である．

不規則変動関数が強い周期性を持つ場合，ある時間ずらすと元の波形とかなり類似する．不規則変動の周期性を調べるためには，$x = t(x)$ と $y = x(t+k)$ の相関を取る．自己相関関数は，$x(t), x(t+k)$ の積の平均値，すなわち，

$$C(t, k) = E(x(t)x(t+k))$$

で定義される．ここで，k はラグ (lag) と言われ，時間的な遅れを表している．なお，多くの現象ではこの平均値は時間平均値と置き換えることができ，自己相関関数はラグの関数

$$C(k) = \overline{x(t)x(t+k)}$$

と表すことができる．時系列の自己相関係数は `acf` で計算され，プロットすることができる．

また，時系列の**スペクトル密度関数** (power spectral density function) $S(\omega)$ は，自己相関関数 $C(k)$ と互いに Fourier 変換の関係にある関数であり，時系列の同様の情報を持っている．すなわち，次のような関係が成り立つ．

$$C(k) = \int_{-\infty}^{\infty} S(\omega)e^{i\omega k}d\omega, \quad S(\omega) = \int_{\infty}^{\infty} C(k)e^{-i\omega k}dk$$

したがって，時系列データは時間領域を対象としており，時系列データを Fourier 変換したスペクトルは周波数領域を対象としている．パワースペクトル密度関数の推定は，`specturum` で行われる．

例題 5.4

では，太陽の黒点数の変化を調べてみよう．太陽の黒点に関するデータ標準ライブラリにある．`sunspot.month` は，各月の平均黒点数データ (Monthly Sunspot Data, 1749-1997) である．また，`sunspot.year` は，各年の平均黒点数データ (Yearly Sunspot Data, 1700-1988) である．

太陽の黒点は，約 11 年の周期で増減していることが知られている．黒点数が多いほど太陽の活動は活発になり，太陽表面で爆発現象が起きたりする．しかし，黒点と気候の相関関係は現在はっきりしていない．

まず，黒点数の年単位の変化が分かるグラフを作成してみる．

```
> x=sunspot.year
> plot(x,xlab='year',ylab='sunspot')
```

第 5 章　統計処理

そうすると，図 5.9 のようなグラフが得られる．

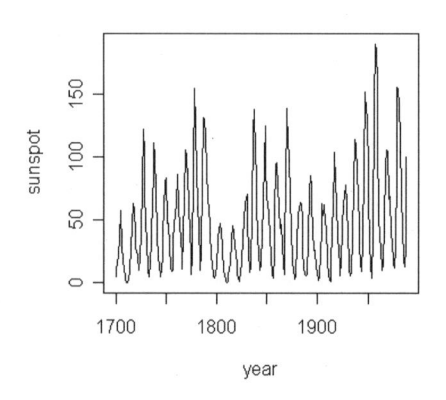

図 5.9　黒点数の変化 (年)

より詳細を見たい時には月単位の黒点数をプロットする．

```
> y=sunspot.month
> plot(y,xlab='month',ylab='sunspot')
```

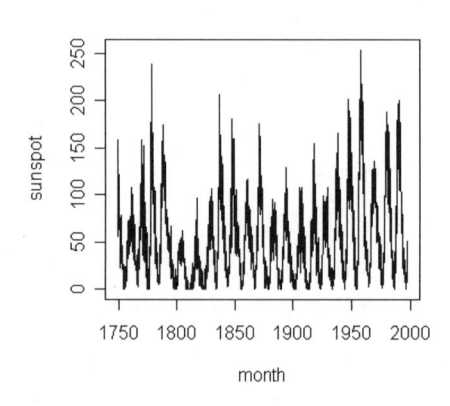

図 5.10　黒点数の変化 (月)

5.3. 時系列分析

次に，ヒストグラムを作成してみよう．ここではデータ数が多い月のデータを用いることにするが，ヒストグラムのバーの数が問題となる．何も指定しない時は，log2(データ数)+1 の小数部分を切りあげた整数の本数となる．

```
> ceiling(log2(length(y))+1)
[1] 13
```

また，標準偏差を利用すると次のようになる．

```
> ceiling(3.5*sqrt(var(y))*length(y)^(-1/3))
[1] 11
```

そして，四分位偏差を利用すると次のようになる．

```
> r=quantile(y,c(0.25,0.75))
> ceiling(2*(r[2]-r[1])*length(y)^(-1/3))
75%
  9
```

どれを使用するか判断に迷うが，13 にすると図 5.11 のようなヒストグラムが得られる．

```
hist(y,13,xlab='sunspot',ylab='frequency',main='bar number: 13')
```

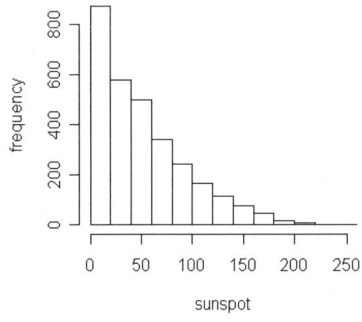

図 5.11 黒点数のヒストグラム

第 5 章　統計処理

次は，自己相関関数により黒点数の変動の周期を調べてみよう．

```
> x=sunspot.year
> acf(x,xlab='lag (year)',ylab='autocorrelation',
main='coorrelation of year and sunspot')
```

図 5.12 の横軸はラグを表している．なお，単位は年である．これより，10 年と 11 年の値が 1 に近くなっているので，周期は 10-11 年ぐらいと判断できる．ここで，点線で挟まれた領域は 95 ％信頼区間から外れた領域である．

coorrelation of year and sunspot

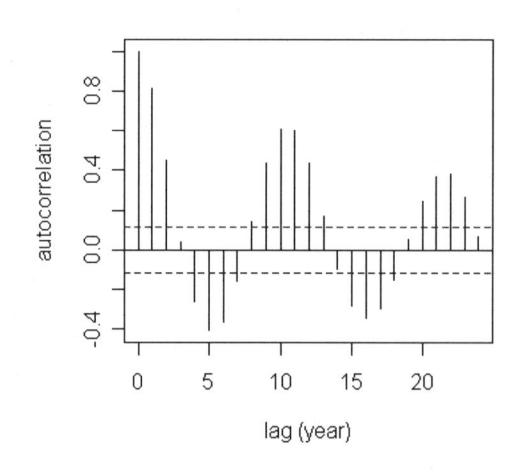

図 **5.12**　黒点数の自己相関関数

```
> yy=acf(x,plot=FALSE)
> yyy=yy[[1]]
> plot(yyy,log="xy")
```

acf は自動的にグラフを描いてくれるが，両対数グラフにしたい時には次のように続けて入力すると良い (図 5.13)．ここで，1 行目のオプション plot=FALSE によりグラフ出力は停止される．2 行目により，計算結果部分が新しい変数 yyy に代入され，3 行目で両対数グラフを表示している．

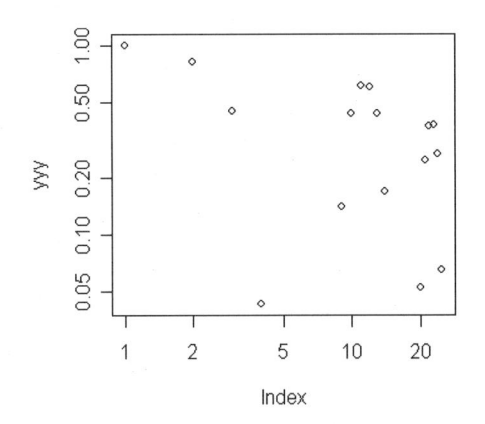

図 5.13 自己相関関数の両対数グラフ

最後に，パワースペクトル法で黒点数の変動の周期を調べてみる．

```
> spectrum(x)
```

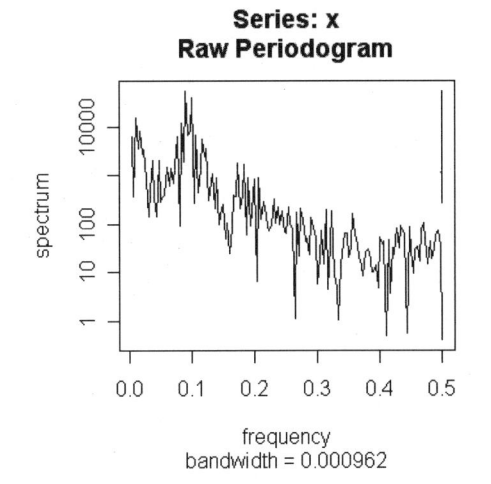

図 5.14 パワースペクトル密度関数のグラフ

第 5 章　統計処理

ここで, x 軸は (度数) = 1/(周期) にスケーリングされている. 図 5.14 より, ピークが 0.1 あたりにあるので周期は 10 年ぐらいであることが分かる. なお, Fourier 変換は FFT (First Frourier Transform) を利用している. FFT の結果を見たい時は, 次のようにする.

```
> fft(x)
Time Series:
Start = 1700
End = 1988
Frequency = 1
  [1] 14049.300000+    0.000000i    834.719628+ 429.133805i
  [3]   135.650384+  908.553578i  -1251.201190+2260.601963i
  [5]   213.874413-  144.580083i  -1562.823426- 126.426375i
  [7]  -186.196910+1109.891618i    494.734768+ 105.065974i
  [9]   282.945591+  666.654096i    248.248353+ 453.042127i
(以下省略)
```

なお, 出力結果は複素数である. また, パワースペクトルに対応する量は次のように求められる.

```
> abs(fft(x))/length(x)
Time Series:
Start = 1700
End = 1988
Frequency = 1
  [1] 48.61349481   3.24764528   3.17863085   8.94035266   0.89328103
    5.42535913
  [7]  3.89412308   1.75006256   2.50593073   1.78753941   3.45357896
    1.09554228
 [13]  2.11324944   2.07194795   2.06845684   1.43144207   1.24974644
    1.46393401
 [19]  2.04075340   1.61833007   1.93173988   2.58406382   1.98805645
    2.56388102
 [25]  7.89771629   0.80680989  13.94597324   5.53468577   3.40538604
   11.33335297
 [31]  2.83487115   3.00747803   0.66852116   2.42404162   4.06676517
    2.17755382
(以下省略)
```

ここで，1 番の 48.61 は波数がゼロのパワーを表している．この値が平均値になっていることを確かめる．

> mean(x)
[1] 48.61349

2 番の 3.24 は波数が 1 のパワーである．27 番目 (波数は 26) のパワーが 13.94 と大きく次に 30 番目が 11.33 である．

データ数が 289 であることより

$$289/26 = 11.1, \; 289/29 = 9.96$$

が得られる．これより周期は 10-11 年であることが分かる．

例題 5.5

ロジスティック写像 (logistic mapping) は，生物の個体数の変動を研究するための差分方程式であり，

$$x_{n+1} = ax_n(1 - x_n) \;\; (0 < x < 1, 1 \leq a \leq 4)$$

と定義される．ロジスティック写像の値は a に大きく依存する．$0 \leq a \leq 3$ ならばある値に収束するが，$3 \leq a \leq 3.56...$ ならば 2 のべき乗個の周期点を振動する．さらに，$3.56 < a \leq 4$ ならば変動は不規則になり特定の周期を持たない．すなわち，カオスになる．

カオス (chaois) とは，あるシステムが特定の規則に従い変化しているにもかかわらず，非常に複雑で不規則かつ不安定な振舞いをし，将来の状態がまったく予測できないで現象のことである．なお，カオスは自然界ではよく見られる現象である．

では，ロジスティック写像 ($a = 3.45$) により発生させた 1024 個のデータ列の周期性を調べてみよう．

第 5 章　統計処理

```
> a=3.45
> x=0.5
> y=x
> for(i in 1:1023)
+ {x=a*x*(1-x)
+  y=c(y,x)
+ }
> spectrum(y)
> y=NULL
```

2行目は初期値の設定であり，3行目はベクトルの第1要素の代入である．4-7行でロジスティック写像が，8行目でパワースペクトラルが計算される．9行目は変数のクリアである．同様の作業を繰り返し行うため必要である．

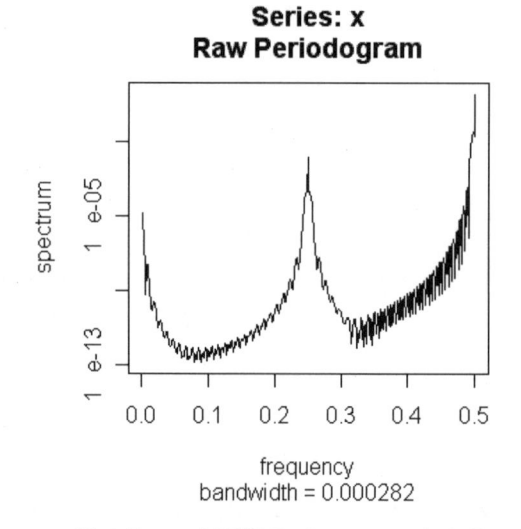

図 5.15　ロジスティック写像のパワースペクトラル $(a = 3.45)$

図 5.15 において，0.25 の位置にピークがある．これより周期は 4 であることが分かる．周期が 3 であり $a = 3.835$ の場合のグラフは，図 5.16 のようになる．

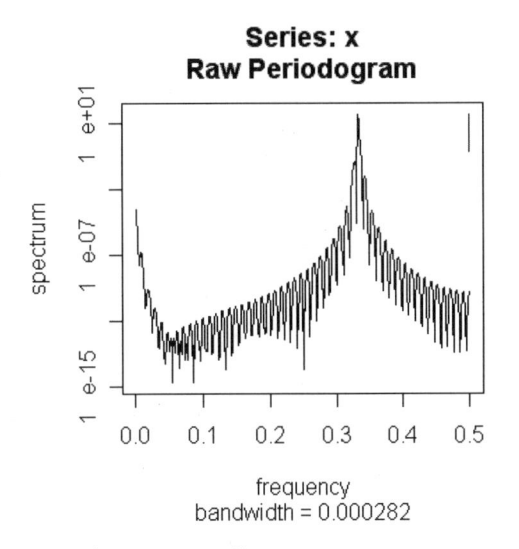

図 5.16 ロジスティック写像のパワースペクトラル ($a = 3.835$)

5.4 推定

　本節と次節では，推測統計学について解説する．まず，推定について説明する．さて，研究対象となるデータの集団は**母集団** (population) と言われる．母集団は，その大きさにより**無限母集団** (infinite population) と**有限母集団** (finite population) に分類される．母集団のデータを分析するための調査方法には，**全数調査** (complete survey) と**標本調査** (sample survey) がある．全数調査は，母集団のデータをすべて調査するものであり，標本調査は母集団の一部のデータを調査するものである．ここで，母集団の一部は，**標本** (sample) と言われる．また，標本に含まれるデータ数は，**標本の大きさ** (sample size) と言われる．

　母集団から標本を取り出す方法には，**有意抽出** (purposive sampling) と**無作為抽出** (rondom sampling) がある．有意抽出は専門家のある判断を加えて母集団か

101

第5章 統計処理

ら標本を選ぶ方法である．無作為抽出は，母集団から各データを決まった確率で取り出す方法である．なお，無作為抽出は任意抽出と言われることもある．また，無作為抽出においてデータを1つずつ取り出す時，取り出したデータを元に戻す場合と戻さない場合がある．戻す場合は**復元抽出** (sampling with replacement)，戻さない場合は**非復元抽出** (sampling without replacement) と言われる．なお，有限母集団において復元抽出を行う場合，この母集団は無限母集団と見なすことができると考えられる．無作為抽出により，母集団の特徴を確率によって客観的に推測することができる．すなわち，我々が n 個のデータ $x_1, ..., x_n$ を考える時，これらのデータをある確率分布に従う確率変数 X の n 個の**実現値** (realized value) とする数学モデルを用いる．よって，母集団の統計量と標本の統計量を区別する必要がある．確率変数 X の平均 $E(X)$ と分散 $V(X)$ は，それぞれ**母平均** (population mean)，**母分散** (population variance) と言われ，母集団を特徴付ける値である．また，母平均と母分散は，**母数** (population parameter) と言われることもある．今，母集団の大きさを N，母平均を $E(X) = m$，母分散を $V(X) = \sigma^2$ とする．

さて，大きさ n の標本の確率変数の組 $(X_1, ..., X_n)$ は，**標本変量** (sample value) と言われる．そして，それらの実現値の組 $(x_1, ..., x_n)$ は，実際に抽出された標本を表す．この場合の平均と分散はそれぞれ**標本平均** (sample mean)，**標本分散** (sample variance) と言われ，それぞれ，$\overline{X}$ と S で表すことにする．よって，標本平均と標本分散は，以下のように定義される．

$$\overline{X} = \frac{1}{n} \sum_{i=1}^{n} X_i$$

$$S^2 = \frac{1}{n} \sum_{i=1}^{n} (X_i - \overline{X})^2$$

標本変量の関数は**統計量** (statistical value) と言われ，統計量の確率分布は**標本分布** (sample distribution) と言われる．上記2つの統計量の実現値も標本平

5.4. 推定

均，標本分散と呼ばれるが，$\overline{x}$ と s で表すことにする．

$$\overline{x} = \frac{1}{n}\sum_{i=1}^{n} x_i$$

$$s^2 = \frac{1}{n}\sum_{i=1}^{n}(X_i - \overline{x})^2$$

なお，標本分散として上記の s^2 の代わりに次の u^2 の定義が用いられることが多い．

$$u^2 = \frac{1}{n-1}\sum_{i=1}^{n}(X_i - \overline{x})^2$$

この定義の分母が $n-1$ になっていることに注意されたい．なお，u^2 は**不偏分散** (unviased variance) と言われることもある．

では，各統計量の平均と分散を求めてみるが，有限母集団と無限母集団の場合には計算が異なる．しかし，有限母集団において復元抽出の場合には無限母集団と見なしても良いので，ここでは無限母集団のみを対象にする．今，無限母集団の場合の $\overline{X}$ の分布について考えるが，母平均を m，母分散を σ^2 とする．なお，標本変数 $X_1,...,X_n$ は独立であると仮定する．$E(X) = m, V(X) = \sigma^2$ であるので

$$E(X_i) = m,\ V(X_i) = \sigma^2$$

となる．よって，$\overline{X}$ の平均と分散は次のように計算される．

$$E(\overline{X}) = \frac{1}{n}\sum_{i=1}^{n} E(X_i) = m$$

$$V(\overline{X}) = \frac{1}{n^2}\sum_{i=1}^{n} V(X_i) = \frac{\sigma^2}{n}$$

母集団の分布が正規分布 $N(m, \sigma^2)$ である場合，その標本平均 $\overline{X}$ の分布は，$N(m, \frac{\sigma^2}{n})$ であることが知られている．また，母集団の分布が $N(m, \sigma^2)$ である

第 5 章　統計処理

分布は，**正規母集団** (normal population) と言われる．標本の大きさが十分大きい時には，標本平均の分布は次の中心極限定理を満足する．

中心極限定理 (central limit theorem)
母平均 m，母分散 σ^2 の任意の分布の母集団からの大きさ n の標本平均 $\overline{X}$ の分布は，n が十分大きい時，正規分布 $N(m, \frac{\sigma^2}{n})$ に近似することができる．

　中心極限定理より，正規分布は非常に実用上有用な分布であることが分かる．
　では，推定について話を移そう．標本の値から母集団の性質を推定することを**統計的推定** (statistical estimation)，または，単に**推定** (estimation) と言う．推定の方法には，**点推定** (point estimation) と**区間推定** (interval estimation) がある．点推定とは，推定する未知パラメタの特定の数値を推定する方法である．一方，区間推定は，未知パラメタの取り得る一定の範囲を推定する方法である．したがって，区間推定では点推定では不可能である推定値の信頼の程度を表すことができる．

　点推定は，推定すべき母数 θ に対して，統計量 $T(X_1,...,X_n)$ の実現値 $t(x_1,...,x_n)$ をその推定値とするものである．この時，統計量 T を母数 θ の**推定量** (estimate) と言う．また，推定量が $E(T) = \theta$ を満足する時，T は θ の**不偏推定量** (unbiased estimate) とも言われる．不偏推定量は，分布の平均値と真のパラメタの値との偏りがない推定量であり，点推定における望ましい推定量の 1 つであると考えられる．

　区間推定は，標本変量 $X_1,...,X_n$ から 2 つの統計量 T_1 と T_2 を考え T_1, T_2 の実現値を t_1, t_2 として，母数 θ が区間 (t, t_2) 内にあると推定するものである．ここで，

$$P(T_1 < \theta < T_2) = 1 - \alpha$$

を満足する時，区間 (T_1, T_2) を θ の**信頼区間** (confidence interval)，$1 - \alpha$ を**信頼係数** (confidence coefficient)，T_1 を**下限値** (smallest value)，T_2 を**上限値**

(largest value) と言う．よって，推定では信頼係数は大きいほど望ましいことになる．以下では，さまざまな推定の例を見ることにする．

例題 5.6 (母分散 σ^2 が既知である時の母平均の区間推定)
今，大きさ n の標本変量を $X_1,...,X_n$ とする．母集団の分布が $N(m,\sigma^2)$ で σ^2 が分かっている時には，標本平均 $\overline{X}$ の分布は $N(m,\frac{\sigma^2}{n})$ である．よって，母平均 m の $(1-\alpha)\times 100\%$ 信頼区間は，次の関係からも求めることができる．

$$P(\overline{X}-z(\alpha)\frac{\sigma}{\sqrt{n}} < m < \overline{X}+z(\alpha)\frac{\sigma}{\sqrt{n}}) = \int_{-z(\alpha)}^{z(\alpha)} g(t)dt = 2\int_0^{z(\alpha)} g(t)dt$$

ただし，$z(\alpha)$ は標準正規分布における $100\times\alpha\%$ 点を表しており，その値は付録の標準正規分布表から計算することができる．この関係より，信頼区間は

$$(\overline{X} - z(\alpha)\frac{\sigma}{\sqrt{n}}, \overline{X} + z(\alpha)\frac{\sigma}{\sqrt{n}})$$

となり，また，信頼係数は

$$2\int_0^{z(\alpha)} g(t)dt$$

となる．
　今，母分散 $\sigma^2 = 0.04$ の正規分布に従う母集団から大きさ 5 の標本を取ったら，次のようなデータを得た．

$$1.89, 2.43, 2.37, 2.30, 1.74$$

では，この場合の母平均の信頼区間を信頼係数 0.95 で求めてみよう．まず，標本平均 $\overline{X}$ を計算すると

$$\overline{X} = \frac{1.89 + 2.43 + 2.37 + 2.30 + 1.74}{5} = 2.146$$

となる．次に，

$$z(\frac{\alpha}{2}) = z(0.025)$$

第 5 章　統計処理

の値を正規分布表から求める．まず，標準正規分布表から $0.5 - 0.025 = 0.475$ となる x の値を見る．そうすると，1.96 となっている．よって，

$$z(0.025) = 1.96$$

である．これは，$x = 1.96$ の確率が 0.025 であることを意味している．したがって，

$$z(\frac{\alpha}{2})\frac{\sigma}{\sqrt{n}} = 1.96\frac{0.2}{\sqrt{5}} = 0.1753$$

となる．これより，下限値 T_1 と上限値 T_2 は以下のようになる．

$$T_1 = \overline{X} - z(\frac{\alpha}{2})\frac{\sigma}{\sqrt{n}} = 2.146 - 0.1753 = 1.9707$$

$$T_2 = \overline{X} + z(\frac{\alpha}{2})\frac{\sigma}{\sqrt{n}} = 2.146 + 0.1753 = 2.3213$$

以上の計算から

「データの母平均は，信頼度 95% で 1.97 から 2.32 の間の値であると推定できる」

と結論することができる．では，この推定を R で行ってみる．

```
> data=c(1.89,2.43,2.37,2.30,1.74)
> n=5
> sigma=0.2
> a=0.05
> Xb=mean(data)
> Xb
[1] 2.146
> u=qnorm(1-a/2)
> u
[1] 1.959964
> T1=Xb-u*sigma/sqrt(n)
> T1
[1] 1.970695
```

```
> T2=Xb+u*sigma/sqrt(n)
> T2
[1] 2.321305
```

ここで, `qnorm(p)` は $p\%$ 確率点を求める.

例題 5.7 (母分散 σ^2 が未知である時の母平均の区間推定)
母分散が未知の場合は, 標本分散 s^2 の代わりに,

$$u^2 = \frac{1}{n-1} \sum_{i=1}^{n} (X_i - \overline{X_i})^2$$

で定義される不偏分散が用いられる. ここで, $n-1$ は自由度と言われる. 今, 平均が m である正規母集団から大きさ n の標本について, 次の統計量

$$T_i = \frac{\overline{X_i} - m}{u_i/\sqrt{n}}$$

を考える. ただし, $\overline{X_i}$ は標本平均, u_i は標本標準偏差とする. そうすると, T_i は自由度 $n-1$ の t 分布 t_{n-1} (t-distribution) に従う. なお, t 分布は標準正規分布 $N(0,1)$ に良く似た分布である.

標本平均を $\overline{X}$, 標本分散を u, 母平均を m, データ数を n と置き,

$$t = \frac{\overline{X} - m}{u/\sqrt{n}}$$

とすると, t 分布の確率密度関数は

$$f_\phi(t) = \frac{\Gamma((\phi+1)/2)}{\Gamma(\phi/2)\sqrt{\pi\phi}}$$

で定義される. ただし, $\phi = n-1$ は自由度, Γ は Γ 関数を表す. 自由度 $\phi = 1$ の時の t 分布のグラフは, 図 5.17 のようになる.

```
> x=seq(-5,5,by=0.1)
> y=dt(x,1,log=FALSE)
> plot(x,y,type='l',xlab='x',ylab='y',main='t 分布')
```

第 5 章 統計処理

t 分布

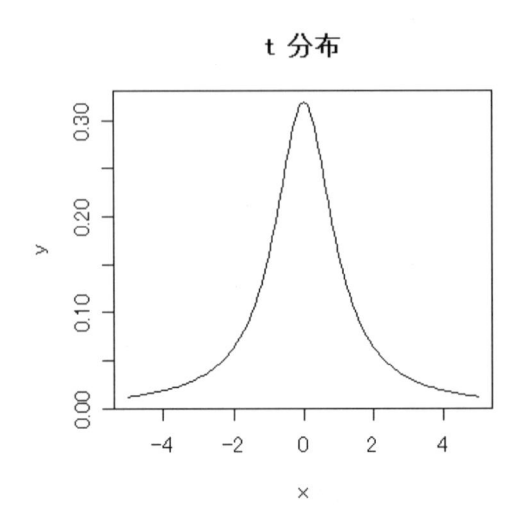

図 5.17　t 分布のグラフ $(\phi = 1)$

ここで，dt(x,1,log=FALSE) により確率密度関数 $t_1(x)$ が計算される．

さて，**ガンマ関数** (Γ function) $\Gamma(p)$ は，

$$\Gamma(p) = \int_0^\infty x^{p-1} e^{-x} dx \quad (p > 0)$$

の右辺の収束する広義積分定義される p の関数である．Γ 関数は，

$$\Gamma(p+1) = p\Gamma(p),$$
$$\Gamma(1) = 1$$

を満足する．よって，自然数 p について

$$\Gamma(p+1) = p!$$

が成り立つ．

母分散が未知の正規母集団から大きさ n の標本の標本平均を $\overline{X}$，不偏分散を u^2 とすると，母平均 m の $(1-\alpha) \times 100\%$ の信頼区間は

$$(\overline{X} - t_{n-1}(\frac{\alpha}{2})\frac{u}{\sqrt{n}}, \overline{X} + t_{n-1}(\frac{\alpha}{2})\frac{u}{\sqrt{n}})$$

となる．なお，n が大きい時には t_{n-1} は $N(0,1)$ と見なしても良い．

ある納入された製品の直径を調べた．サンプル数 16 個のデータは次のように得られた．これより平均は 30 (mm) であると言えるであろうか．有意水準を 5% として，95% の信頼区間を調べてみよう．

$$26, 33, 27, 32, 33, 24, 32, 29, 31, 30, 27, 31, 25, 34, 29, 30$$

これより，自由度は $\phi = n - 1 = 15$ となり，標本平均は

$$\overline{X} = \frac{26 + 33 + ... + 30}{16} = 29.5625$$

となる．標本分散 (不偏分散) は

$$u^2 = \frac{1}{15}((26 - 29.5625)^2 + ... + (30 - 29.5625)^2) = 9.195833$$

となる．よって，$u = 3.032463$ となる．

また，t 分布表の自由度 15，有意水準 (両側) 0.05 から

$$t_{15}(0.025) = 2.13$$

となる．以上から，信頼区間は次のように計算される．

$$T_1 = \overline{X} - t_{n-1}(\frac{\alpha}{2})\frac{u}{\sqrt{n}} = 29.5625 - 2.13 \times 9.195833/\sqrt{16} = 27.94661$$

$$T_2 = \overline{X} + t_{n-1}(\frac{\alpha}{2})\frac{u}{\sqrt{n}} = 29.5625 + 2.13 \times 9.195833/\sqrt{16} = 31.17839$$

R では，次のように推定は行われる．

第 5 章 統計処理

```
> rad=c(26,33,27,32,33,24,32,29,31,30,27,31,25,34,29,30)
> n=16
> df=n-1
> a=0.05
> Xb=mean(rad)
> Xb
[1] 29.5625
> t=qt(1-a/2,df)
> t
[1] 2.131450
> u2=(1/(n-1))*sum((rad-Xb)^2)
> T1=Xb-t*sqrt(u2/n)
> T1
[1] 27.94661
> T2=Xb+t*sqrt(u2/n)
> T2
[1] 31.17839
```

これより，信頼区間は $[27.95, 31.18]$ となるので，平均は 30 と言える．

なお，t 分布に基づく区間推定は `t.test` により容易に行うこともできる．

```
> rad=c(26,33,27,32,33,24,32,29,31,30,27,31,25,34,29,30)
> t.test(rad)

        One Sample t-test

data:  rad
t = 38.9947, df = 15, p-value < 2.2e-16
alternative hypothesis: true mean is not equal to 0
95 percent confidence interval:
 27.94661 31.17839
sample estimates:
mean of x
  29.5625
```

例題 5.8 (母比率の推定)

ある調査における変量 x の値が $x_i (i = 1, ..., n)$ となるものの個数 (度数) を f_i

5.4. 推定

とし, $\sum_{i=1}^{n} f_i = N$ とする. この時, N は資料の大きさ, $\frac{f_i}{N}$ は**比率** (relative frequency) または相対度数と言われる.

調査などで, ある項目が現れるか現れないかに関する結果は二項分布 $B(n,p)$ に従う. 母集団の中のある性質を持つものの比率 p を推定するためには, 大きさ n の標本から i 番目のものがその性質を持つ時 $X_i = 1$, そうでなければ $X_i = 0$ とする. そうすると, X_i の分布は

$$P(X_i = 1) = p,\ P(X_i = 0) = 1 - p = q$$

となる. n が大きければ, 標本比率 $\overline{X} = \frac{1}{n}\sum_{i=1}^{n} X_i$ の分布はほぼ $N(p, pq/n)$ となる. 中心極限定理より,

$$Z \frac{\overline{X} - p}{\sqrt{p(1-p)/n}} \approx N(0,1)$$

となる. これより, 比率の信頼区間は次のようになる.

$$(\overline{X} - z(\frac{\alpha}{2})\sqrt{\overline{X}(1-\overline{X})/n}, \overline{X} + z(\frac{\alpha}{2})\sqrt{\overline{X}(1-\overline{X})/n})$$

ここで, $z(\frac{\alpha}{2})$ は $100 \times \frac{\alpha}{2}$ 点であり, 標準正規分布から得られる.

東京のある区に住む人に対して, ある調査を 1000 人に行った. ある項目に対して「賛成」と答えた人は 250 人いた. よって, 25 % 賛成と言えそうである. 別の区で同様の調査を行うと 20 % になるかもしれない. しかし, 40 % とか 10 % になることはないであろう.

よって 25 という数字そのものではなくある幅をもたせて, この位の幅 (例: 22 % – 28 %) ならばこの程度 (例: 90 %) の信用があると理解したほうが良いであろう. ここで, 95 % 信頼区間で母比率の推定を行うと以下のようになる. まず, 標準正規分布表より

第 5 章　統計処理

$z(0.025) = 1.96$

となる．よって，

$$T_1 = 0.25 - 1.96 \times \sqrt{0.25 \times 0.75/1000} = 0.2231616$$

$$T_2 = 0.25 + 1.96 \times \sqrt{0.25 \times 0.75/1000} = 0.2768384$$

となる．R では，prop.test(f,N,conf) により母比率の推定を行うことができる．ただし，f は度数，N は資料の大きさ，conf は信頼係数 $(1-\alpha)$ である．

```
> prop.test(250,1000,0.95)

        1-sample proportions test with continuity correction

data:  250 out of 1000, null probability 0.95
X-squared = 10301.06, df = 1, p-value < 2.2e-16
alternative hypothesis: true p is not equal to 0.95
95 percent confidence interval:
 0.2236728 0.2782761
sample estimates:
   p
0.25
```

上記の結果から，下限が 22.4 %，上限が 27.8 % であることが分かる．よって，信頼区間は 22.4 % から 27.8 % までと明記すればよい．

次に 10000 人に対して 2500 人が「賛成」と答えた場合を調べる．

```
> prop.test(2500,10000,0.95)

        1-sample proportions test with continuity correction

data:  2500 out of 10000, null probability 0.95
X-squared = 103143.2, df = 1, p-value < 2.2e-16
```

```
alternative hypothesis: true p is not equal to 0.95
95 percent confidence interval:
 0.2415608 0.2586324
sample estimates:
   p
0.25
```

ここで，信頼区間は 24.2 % − 25.9 % と狭まっていることに注意しよう．なお，母比率の推定は，二項分布に基づく `binom.test` でも可能である．

以上の結果から学ぶことは，アンケート調査の結果を見る時は，標本数をチェックしてから結果を吟味する姿勢が必要であるということである．

例題 5.9 (母平均 m が未知の場合の母分散の推定)
母平均が m，母分散が σ^2 の正規母集団から大のきさ n の標本を考える．$\dfrac{X_i - m}{\sigma}$ の分布は $N(0,1)$ となる．そして，

$$\chi^2 = \sum_{i=1}^{n} \left(\frac{X_i - m}{\sigma} \right)^2$$

の分布は χ^2 **(カイ二乗) 分布** (chi-squared distribution) $\chi^2(n)$ となる．

χ^2 分布の確率密度関数は

$$\begin{aligned} f_n(x) &= \frac{x^{\frac{n}{2}-1} e^{-\frac{x}{2}}}{2^{\frac{n}{2}} \Gamma(\frac{n}{2})} & (x > 0) \\ &= 0 & (x \leq 0) \end{aligned}$$

で定義される．ここで，n は自由度を表す．χ^2 分布のグラフは，図 5.18 のようになる．

```
> x=seq(0,30,by=0.1)
> y=dchisq(x,10)
> plot(x,y,type='l',xlab='x',ylab='y',main='chi^2 分布')
```

第 5 章　統計処理

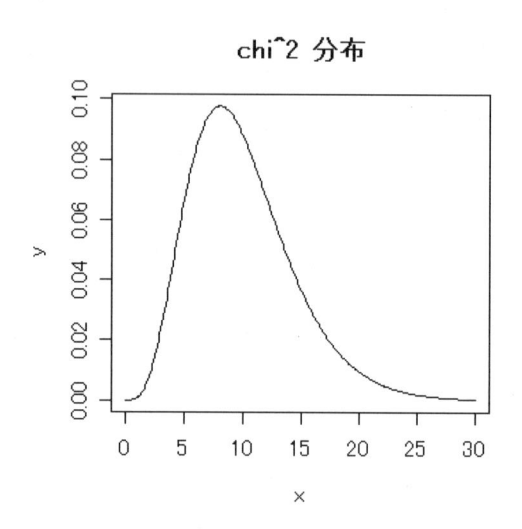

図 5.18　χ^2 分布のグラフ $(n = 10)$

ここで，
$$\chi^2 = \sum_{i=1}^{n}\left(\frac{X_i - \overline{X}}{\sigma}\right)^2 = \frac{(n-1)u^2}{\sigma^2}$$

は，$\chi^2(n-1)$ に従う．ただし，$u^2 = \dfrac{1}{n-1}\sum_{i=1}^{n}(X_i - \overline{X})$ は標本不偏分散である．よって，母分散 σ^2 の $(1-\alpha)\times 100\%$ 信頼区間は

$$\left(\frac{(n-1)u^2}{\chi^2_{\frac{\alpha}{2}}(n-1)}, \frac{(n-1)u^2}{\chi^2_{1-\frac{\alpha}{2}}(n-1)}\right)$$

となる．

今，母平均が未知の正規母集団から次のようなデータが得られた．

　　26, 33, 27, 32, 33, 24, 32, 29, 31, 30

この時の母分散 σ^2 の 95% 信頼区間を求めてみよう．まず，標本平均を求めると

5.4. 推定

$$\overline{X} = \frac{26 + 33 + ... + 30}{10} = 29.7$$

となる．標本分散 (不偏分散) は

$$u^2 = \frac{1}{9}((26 - 29.7)^2 + ... + (30 - 29.7)^2) = 9.789$$

となる．

また，χ^2 分布表から，

$$\chi^2_{0.025}(9) = 19.02$$
$$\chi^2_{0.975}(9) = 2.70$$

となるので，信頼区間は次のようになる．

$$T_1 = \frac{9 \times 9.789}{19.02} = 4.63$$
$$T_2 = \frac{9 \times 9.789}{2.70} = 32.63$$

R で区間推定を行うと，次のようになる．

```
> x=c(26,33,27,32,33,24,32,29,31,30)
> mean(x)
[1] 29.7
> var(x)
[1] 9.788889
> q1=qchisq(0.025,9,lower.tail=FALSE)
> q1
[1] 19.02277
> q2=qchisq(0.975,9,lower.tail=FALSE)
> q2
[1] 2.700389
> T1=9*var(x)/q1
> T1
[1] 4.631292
> T2=9*var(x)/q2
> T2
[1] 32.62492
```

なお，母平均 m が既知の場合，

$$\chi^2 = \sum_{i=1}^{n} \left(\frac{X_i - m}{\sigma}\right)^2$$

は $\chi^2(n)$ に従うので，母分散 σ^2 の信頼係数 $1-\alpha$ における信頼区間は

$$\left(\frac{\sum_{i=1}^{n}(X_i - m)^2}{\chi^2_{\frac{\alpha}{2}}(n)}, \frac{\sum_{i=1}^{n}(X_i - m)^2}{\chi^2_{1-\frac{\alpha}{2}}(n)}\right)$$

となる．

5.5 検定

標本の値から母数に違いがあるかどうかを確かめることは，統計的仮説検定，または，単に**検定** (test) と言われる．検定では，仮説を立ててそれが正しいかどうかを判断する．そのためには，検定の対象となる仮説である**帰無仮説** (null hypothesis) と帰無仮説を棄てる場合に取る仮説である**対立仮説** (alternative hypothesis) が用いられる．一般に，帰無仮説は H_0，対立仮説は H_1 と書かれる．検定では，まず，標本変量 $(X_1, ..., X_n)$ からの適当な統計量を T とする．ここで，棄却域となるある範囲 w を設定して T の実現値が w 内ならば仮説 H_0 を偽であるとして棄て，T の実現値が w 内でなければ仮説 H_0 を真であるとして棄てない．なお，帰無仮説を棄てる場合には，対立仮説を採択することになる．

さて，検定では，2 つの誤りを犯す可能性がある．第一の誤りは，帰無仮説が正しいのにこれを棄てるというものである．この誤りは，**第一種の誤り** (error of the first kind) と言われる．第二の誤りは，帰無仮説が誤りであるのにこれを採択する誤りである．この誤りは，**第二種の誤り** (error of the second kind)

と言われる．検定で用いられる棄却域は，次のように決めることができる．まず，$P(T \in w \mid H_0) = \alpha$ となるような w を決める．なお，通常 α は 0.05 または 0.01 である．よって，α は H_0 が真である時，T が w 内に入る確率を表す，すなわち，H_0 を棄てる確率になる．また，α は第一種の誤りを犯す確率でもあり，**危険率** (level of significance) または有意水準と呼ばれる．なお，第一種の誤りを犯す確率は p **値** (probability value)，または，有意確率とも言われる．すなわち，p 値は仮説が棄却される有意水準の最小値である．よって，p 値と危険率の大小を比較することにより検定を行うこともできる．

次に，H_0 が偽である時，真である仮説，すなわち対立仮説を H_1 とする．そうすると，第二種の誤りを犯す確率は，$\beta = P(T \notin w \mid H_1)$ となる．よって，対立仮説 H_1 に依存して β の値は決まる．しかし，さまざまな対立仮説を考えることができるので，第二種の誤りを犯す確率を計算することは容易でない．したがって，α を一定にしておいて，設定された対立仮説に対して β が小さくなるように w を決めれば良い．

なお，検定における危険率の取り方によって，**両側検定** (two sided test) と**片側検定** (one sided test) に分類される．両側検定では，母数が違うかどうかを検定する場合に用いられる．なぜならば，母数がある値よりも大きい場合と小さい場合を考慮するからである．一方，片側検定では，ある値より小さい場合の検定とある値より大きい場合の検定に用いられる．ここで，前者の検定は左側検定または下側検定，また，後者の検定は右側検定または上側検定と言われることもある．

例題 5.10 (母分散 σ^2 が既知である時の母平均の検定)
データは例題 5.6 と同じものを用いる．母分散は $\sigma^2 = 0.04$ とする．

$$1.89, 2.43, 2.37, 2.30, 1.74$$

第5章 統計処理

この場合，母平均を 2.0 と結論して良いかを 5% の危険率で検定してみよう．
ここで，母集団の分布が $N(m, \sigma^2)$ で σ^2 が分かっている時には，

$$Z = \frac{\overline{X} - m}{\sigma/\sqrt{n}}$$

の分布は $N(0, 1)$ となる．帰無仮説と対立仮説を

$H_0 : m = m_0$

$H_1 : m \neq m_0$

とすると，両側検定となり，

$$|\overline{X} - m_0| > z(\frac{\alpha}{2})\frac{\sigma}{\sqrt{n}}$$

ならば，危険率 α で H_0 を棄却することができる．なお，対立仮説を

$H_1 : m < m_0$

とすると，片側検定となり，

$$\overline{X} - m_0 < -z(\alpha)\frac{\sigma}{\sqrt{n}}$$

ならば，危険率 α で H_0 を棄却することができる．また，対立仮説を

$H_1 : m > m_0$

とすると，片側検定となり，

$$\overline{X} - m_0 > z(\alpha)\frac{\sigma}{\sqrt{n}}$$

ならば，危険率 α で H_0 を棄却することができる．
まず，帰無仮説と対立仮説を次のように設定する．

$H_0 : m = 2.0$

$H_1 : m \neq 2.0$

5.5. 検定

次に，標本平均 $\overline{X}$ を計算すると

$$\overline{X} = \frac{1.89 + 2.43 + 2.37 + 2.30 + 1.74}{5} = 2.146$$

となる．危険率を 0.05 とすれば，

$$z(\frac{\alpha}{2})\frac{\sigma}{\sqrt{n}} = 1.96\frac{0.2}{\sqrt{5}} = 0.1753$$

$$\overline{X} - m = 2.146 - 2.0 = 0.146$$

となる．よって，危険率 0.05 で帰無仮説は棄てられないので，

「危険率 0.05 で母平均を 2.0 と見なしても良い」

という結論が得られる．この検定を R で行うと，次のようになる．

```
> x=c(1.89,2.43,2.37,2.30,1.74)
> n=5
> sigma=0.2
> a=0.05
> m0=2.0
> xbar=mean(x)
> xbar
[1] 2.146
> left=abs(xbar-m0)
> left
[1] 0.146
> right=qnorm(1-a/2)*sigma/sqrt(n)
> right
[1] 0.1753045
> if(left>right) print("m != 2.0") else print("m = 2.0")
[1] "m = 2.0"
```

最終的に母平均の検定結果の表示は，`if` 文で行われている．

検定は，p 値と危険率の比較により行うこともできる．今，α を危険率，p 値を p とすると，

第 5 章 統計処理

$$p = P(z \geq z_\alpha \mid H_0) \quad H_1 : m_0 > m \text{ を棄却 (片側検定)}$$
$$p = P(z \leq z_\alpha \mid H_0) \quad H_1 : m_0 < m \text{ を棄却 (片側検定)}$$
$$p = P(\mid z \mid \geq z_{\frac{\alpha}{2}} \mid H_0) \quad H_1 : m_0 \neq m \text{ を棄却 (両側検定)}$$

となる．上記の例では

```
> x=c(1.89,2.43,2.37,2.30,1.74)
> n=5
> a=0.05
> m0=2.0
> xbar=mean(x)
> xbar
[1] 2.146
> sigma=0.2
> z=abs(xbar-m0)/(0.2/sqrt(n))
> z
[1] 1.632330
> p=pnorm(z,lower.tail=FALSE)*2
> p
[1] 0.1026101
> if(p>a) print("m=2.0") else print("m!=2.0")
[1] "m=2.0"
```

となる．この例は，両側検定であるので，p=pnorm(z,lower.tail=FALSE)*2 と α の比較が行われている．

例題 5.11 (母分散 σ^2 が未知である時の母平均の検定)

データは例題 5.7 と同じ

$$26, 33, 27, 32, 33, 24, 32, 29, 31, 30, 27, 31, 25, 34, 29, 30$$

を用いる．ここで，母平均が 33 かどうかを 5% の危険率で検定してみよう．標本平均を $\overline{X}$ とすると，前述のように，

$$t = \frac{\overline{X} - m}{u/\sqrt{n}}$$

は $t(n-1)$ に従う．標本平均 $\overline{X}$ と標本分散 (不偏分散) u^2 は

$\overline{X} = 29.5625$, $u^2 = 9.195833$

となる．帰無仮説と対立仮説を

$H_0 : m = m_0$
$H_1 : m \neq m_0$

とすると，両側検定となり，

$|\overline{X} - m_0| > t_{\frac{\alpha}{2}}(n-1)\dfrac{u}{\sqrt{n}}$

ならば，危険率 α で H_0 を棄却することができる．なお，対立仮説を

$H_1 : m < m_0$

とすると，片側検定となり，

$\overline{X} - m_0 < -t_\alpha(n-1)\dfrac{u}{\sqrt{n}}$

ならば，危険率 α で H_0 を棄却することができる．また，対立仮説を

$H_1 : m > m_0$

とすると，片側検定となり，

$\overline{X} - m_0 > t_\alpha(n-1)\dfrac{u}{\sqrt{n}}$

ならば，危険率 α で H_0 を棄却することができる．

$|\overline{X} - m_0| = 3.4375$
$t_{0.025}(15)\dfrac{u}{\sqrt{16}} = 1.615886$

となるので，$H_1 : m \neq 33$ という結論となる．この検定を R で行うと，次のようになる．

第 5 章　統計処理

```
> x=c(26,33,27,32,33,24,32,29,31,30,27,31,25,34,29,30)
> xbar=mean(x)
> xbar
[1] 29.5625
> a=0.05
> n=16
> df=n-1
> t=qt(1-a/2,df)
> t
[1] 2.131450
> m0=33
> left=abs(xbar-m0)
> u=var(x)
> u
[1] 9.195833
> right=t*sqrt(u/n)
> if(left>right) print("m != 33") else print("m = 33")
[1] "m != 33"
```

p 値と危険率の比較により検定は，次のようになる．

$$p = P(t_\alpha(n-1) < t \mid H_0) \quad H_1 : m < m_0 \text{ を棄却 (片側検定)}$$
$$p = P(t_\alpha(n-1) > t \mid H_0) \quad H_1 : m > m_0 \text{ を棄却 (片側検定)}$$
$$p = P(\mid t_{\frac{\alpha}{2}}(n-1) - m_0 \mid >$$
$$\mid t_{\frac{\alpha}{2}}(n-1) - m_0 \mid \mid H_0) \quad H_1 : m \neq m_0 \text{ を棄却 (両側検定)}$$

```
> x=c(26,33,27,32,33,24,32,29,31,30,27,31,25,34,29,30)
> xbar=mean(x)
> xbar
[1] 29.5625
> a=0.05
> n=16
> df=n-1
> m0=33
> t=abs(xbar-m0)/sqrt(var(x)/16)
> t
```

```
[1] 4.534268
> p=pt(t,15,lower.tail=FALSE)*2
> p
[1] 0.0003953759
> if(p>a) print("m=33") else print("m!=33")
[1] "m!=33"
```

なお，この検定は t.test(x,mu=m0,alt="two.sided") でも可能である．片側検定は，alt="less" または alt="greater" で行うことができる．

```
> x=c(26,33,27,32,33,24,32,29,31,30,27,31,25,34,29,30)
> t.test(x,mu=33,alt="two.sided")

        One Sample t-test

data:  x
t = -4.5343, df = 15, p-value = 0.0003954
alternative hypothesis: true mean is not equal to 33
95 percent confidence interval:
 27.94661 31.17839
sample estimates:
mean of x
  29.5625
```

ここで，t.test の出力は，t, df, p 値，検定結果，95% 信頼区間，標本平均となっている．

例題 5.12 (対応のある平均値の差の検定)

学生 12 人に対して下記のような 4 月と 7 月に実施した試験の結果をもとに，成績が全体として向上しているかどうかを判定したい．なお，4 月の成績と 7 月の成績は一対一対応している．

番号	1	2	3	4	5	6	7	8	9	10	11	12
4 月	76	57	72	47	52	76	64	64	66	57	38	58
7 月	89	60	71	65	60	70	71	69	68	66	50	62

第 5 章　統計処理

4 月の平均点を A, 7 月の平均点を B とすると帰無仮説と対立仮説は，次のように設定される．

$H_0 : A = B$

$H_1 : A < B$

すなわち，H_0 は「A, B の平均値に差はない」ことを，また，H_1 は「A の平均値より B の平均値の方が大きい」ことを表しており，片側検定となる．H_1 を $A \neq B$ とすれば両側検定となる．今，二つの対応するデータ群 X_i, Y_i の差を $d_i = X_i - Y_i$ とする $(1 \leq i \leq n)$．差の平均値を $\overline{d}$，差の不偏分散を u^2 とすると，

$$t_0 = \frac{\overline{d}}{\sqrt{u^2/n}}$$

は $t(n-1)$ に従うので，t 検定を利用することができる[1]．ここで，4 月の成績を X_i，7 月の成績を Y_i とすると，差の平均値 $\overline{d}$ は

$$\overline{d} = \frac{-13 - 3 + \ldots - 4}{12} = -6.166667$$

となる．差の不偏分散 u^2 は

$$\begin{aligned} u^2 &= \frac{1}{11}((-13 - (-6.166667))^2 + \ldots + (-9 - (-6.166667))^2) \\ &= 42.33333 \end{aligned}$$

となる．検定は，片側検定となり，$d_0 = 0$ とする．

$$\overline{d} - d_0 < -t_{0.05}(11)\frac{u}{\sqrt{12}}$$

$$-6.166667 - 0 < -1.795885 \times \sqrt{42.33333/12} = -3.373099$$

ならば，帰無仮説 H_0 は棄却される．よって，$H1 : A < B$ が採択される．また，信頼区間は $-\infty < d_0 < -2.793568$ となる．

---

[1] なお，対応のない平均値の差の検定は，これよりもさらに複雑になることが知られている．

5.5. 検定

```
> x=c(76,57,72,47,52,76,64,64,66,57,38,58)
> y=c(89,60,71,65,60,70,71,69,68,66,50,62)
> n=12
> df=n-1
> m=x-y
> me=mean(m)
> me
[1] -6.166667
> tt=qt(1-0.05,df)
> tt
[1] 1.795885
> left=me-0
> left
[1] -6.166667
> right=-tt*sqrt(var(m)/n)
> right
[1] -3.373099
> if(left<right) print("x < y") else print("x = y")
[1] "x < y"
> print(unlist(list("largest value: ",left-right)))
[1] "largest value: "   "-2.79356765545161"
```

ここで，list によりデータ列はリストとして扱われる．

p 値による検定は次のようになる．

```
> x=c(76,57,72,47,52,76,64,64,66,57,38,58)
> y=c(89,60,71,65,60,70,71,69,68,66,50,62)
> m=x-y
> me=mean(m)
> me
[1] -6.166667
> t=me/sqrt(var(m)/12)
> t
[1] -3.283219
> p=pt(t,11)
> p
[1] 0.003645989
> if(p<0.05) print("mean(x) < mean(y)") else print("mean(y)
```

125

```
         = mean(y)")
[1] "mean(x) < mean(y)"
```

対応のある平均値の差の検定は, t.test で行うこともできる.

```
> x=c(76,57,72,47,52,76,64,64,66,57,38,58)
> y=c(89,60,71,65,60,70,71,69,68,66,50,62)
> t.test(x,y,alternative="less",paired=T)

        Paired t-test

data:  x and y
t = -3.2832, df = 11, p-value = 0.003646
alternative hypothesis: true difference in means is less
 than 0
95 percent confidence interval:
       -Inf -2.793568
sample estimates:
mean of the differences
          -6.166667
```

ここで, 対立仮説は $A < B$ であるので, alternative="less" とする. $A > B$ ならば "greater", $A \neq B$ ならば "two-sided" とする. データに対応関係があるので, paired = T の指定が必要となる. なお, この例題は片側検定であるので, 信頼区間の下限 -Inf に意味はない.

例題 5.13 (母平均 m が未知である時の母分散の検定)

分布が $N(m, \sigma^2)$ 母集団から, 大きさ 15 の標本を抽出した時, 不偏分散が 1.9 であったとする. ここで, 母分散 σ^2 が 1.0 かどうかを 5% の危険率で検定してみよう.

帰無仮説 H_0 と対立仮説 H_1 は, $\sigma_0^2 = 1.0$ とすると,

$$H_0 : \sigma^2 = \sigma_0^2$$
$$H_1 : \sigma^2 \neq \sigma_0^2$$

5.5. 検定

となり，両側検定が行われる．前述のように，統計量

$$\chi^2 = \sum_{i=1}^{n}\left(\frac{X_i - \overline{X}}{\sigma}\right)^2 = \frac{(n-1)u^2}{\sigma^2}$$

は，$\chi^2(n-1)$ に従う．ここで，$u^2 = \dfrac{1}{n-1}\sum_{i=1}^{n}(X_i - \overline{X})$ は標本不偏分散である．よって，危険率 α の棄却域は

$$\chi^2 \leq \chi^2_{1-\frac{\alpha}{2}}(n-1) \text{ または } \chi^2 \geq \chi^2_{\frac{\alpha}{2}}(n-1)$$

となる．また，母分散 σ^2 の $(1-\alpha)\times 100\%$ 信頼区間は

$$\left(\frac{(n-1)u^2}{\chi^2_{\frac{\alpha}{2}}(n-1)}, \frac{(n-1)u^2}{\chi^2_{1-\frac{\alpha}{2}}(n-1)}\right)$$

となる．まず，χ^2 を計算すると，

$$\chi^2 = \frac{(n-1)u^2}{\sigma^2} = (15-1)\times\frac{1.9}{1} = 26.6$$

となる．また，χ^2 分布表から，

$$\chi^2_{0.025}(14) = 26.1189$$
$$\chi^2_{0.975}(14) = 5.6287$$

となるので，棄却域は 26.1189 以上または 5.6287 以下となる．したがって，H_0 は棄却されるので，

「危険率 0.05 で母分散を 1.0 と見なすことはできない」

という結論が得られる．さらに，信頼区間は次のようになる．

$$T_1 = \frac{14\times 1.9}{26.1189} = 1.018420$$
$$T_2 = \frac{14\times 1.9}{5.6287} = 4.72578$$

第5章 統計処理

この検定を R で行うと，次のようになる．

```
> n=15
> a=0.05
> u2=1.9
> q1=qchisq(0.025,14,lower.tail=FALSE)
> q1
[1] 26.11895
> q2=qchisq(0.975,14,lower.tail=FALSE)
> q2
[1] 5.628726
> q=(n-1)*u2/1.0
> q
[1] 26.6
> if(q<=q1 | q2<=q) print("sigma^2 != 1")
 else print("sigma^2 = 1")
[1] "sigma^2 != 1"
```

ここで，| は論理和 (or) を表す．なお，関係演算として，否定 !，論理積 &，排他的論理和 xor を用いることができる．

なお，対立仮説を

$$H_1 : \sigma^2 > \sigma_0^2$$

とすると，片側検定となり，

$$\chi^2 \geq \chi_\alpha^2(n-1)$$

ならば，危険率 α で H_0 を棄却することができる．また，対立仮説を

$$H_1 : \sigma^2 < \sigma_0^2$$

とすると，片側検定となり，

$$\chi^2 \geq \chi_{1-\alpha}^2(n-1)$$

5.5. 検定

ならば，危険率 α で H_0 を棄却することができる．

さらに，母平均 m が分かっている場合には，

$$\chi^2 = \sum_{i=1}^{n} \left(\frac{X_i - m}{\sigma} \right)^2$$

は $\chi^2(n)$ に従う．よって，対立仮説を $H_1 : \sigma \neq \sigma_0^2$ とすると，両側検定となり，危険率 α の棄却域は

$$\chi^2 \leq \chi_{1-\frac{\alpha}{2}}^2(n) \text{ または } \chi^2 \geq \chi_{\frac{\alpha}{2}}^2(n)$$

となる．なお，対立仮説を $H_1 : \sigma^2 > \sigma_0^2$ とすると，片側検定となり，危険率 α の棄却域は

$$\chi^2 \geq \chi_{\alpha}^2(n)$$

となる．

また，対立仮説を $H_1 : \sigma^2 < \sigma_0^2$ とすると，片側検定となり，危険率 α の棄却域は次のようになる．

$$\chi^2 \geq \chi_{1-\alpha}^2(n)$$

例題 5.14 (分散の差の検定)

互いに独立な二つの確率変数 X, Y の分布をそれぞれ $\chi^2(m), \chi^2(n)$ とすると，

$$F = \frac{\dfrac{X}{m}}{\dfrac{Y}{n}}$$

は自由度 m, n の **F 分布** $F(m, n)$ (F distribution) に従う．F 分布の確率密度関数は，$x > 0$ の時

$$f_{mn}(x) = \frac{m^{\frac{m}{2}} n^{\frac{n}{2}}}{B\left(\dfrac{m}{2}, \dfrac{n}{2}\right)} \frac{x^{\frac{m}{2}-1}}{(mx+n)^{\frac{m+n}{2}}}$$

第 5 章　統計処理

定義される $(0 < x < \infty)$. $B(p,q)$ はベータ関数 (beta function) と言われ,

$$B(p,q) = \int_0^1 x^{p-1}(1-x)^{q-1}dx$$

で定義される $(p, q > 0)$.

なお，ベータ関数と前述のガンマ関数との間には

$$B(p,q) = \frac{\Gamma(p)\Gamma(q)}{\Gamma(p+q)}$$

の関係がある．また，X の分布が $F(m,n)$ であれば，$Y = \dfrac{1}{X}$ の分布は $F(n,m)$ となる．

F 分布のグラフは，図 5.19 のようになる．

```
> x=seq(0,6,by=0.1)
> y=df(x,10,20)
> plot(x,y,type='l',xlab='x',ylab='y',main='F 分布')
```

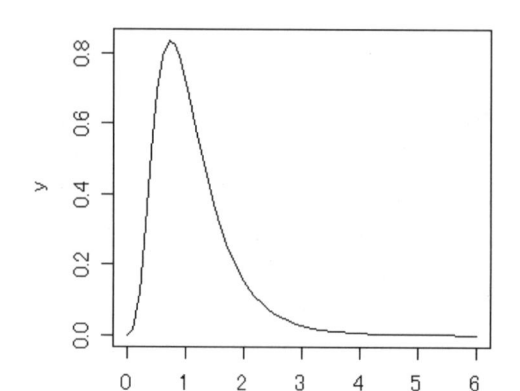

図 **5.19**　F 分布のグラフ $(m = 10, n = 20)$

5.5. 検定

分布が $N(m_1, \sigma_1^2), N(m_2, \sigma_2^2)$ である二つの母集団から独立に抽出された大きさ n_1, n_2 の標本の標本分散をそれぞれ u_1^2, u_2^2 とすると，$\dfrac{u_1^2/\sigma_1^2}{u_2^2/\sigma_2^2}$ の分布は $F(n_1-1, n_2-1)$ となることが知られている．

今，独立な二つの母集団 $N(m_1, \sigma_1^2), N(m_2, \sigma_2^2)$ からそれぞれ抽出した大きさ n_1, n_2 の二つの標本の標本分散を u_1^2, u_2^2 とする．そして，帰無仮説 H_0 と対立仮説 H_1 を

$H_0 : \sigma_1^2 = \sigma_2^2$

$H_1 : \sigma_1^2 \neq \sigma_2^2$

とすると，両側検定となる．今，$u_1^2 < u_2^2$，すなわち，$\dfrac{u_2^2}{u_1^2} > 1$ とする．そうすると，H_0 が正しいとすると，$\dfrac{u_2^2}{u_1^2}$ の分布は $F(n_2-1, n_1-1)$ となるので，危険率 α での棄却域は

$$\frac{u_2^2}{u_1^2} > F_{\frac{\alpha}{2}}(n_2-1, n_1-1)$$

となり，この時危険率 α で H_0 を棄却する．ここで，σ_1^2/σ_2^2 の信頼区間は

$$\frac{1}{F_{n_2}^{n_1}(1-\frac{\alpha}{2})}\frac{u_1^2}{u_2^2} < \frac{\sigma_1^2}{\sigma_2^2} < \frac{1}{F_{n_2}^{n_1}(\frac{\alpha}{2})}\frac{u_1^2}{u_2^2}$$

となる．

なお，対立仮説を $H_1 : \sigma_1^2 < \sigma_2^2$ とすると，片側検定となり，危険率 α での棄却域は

$$\frac{u_2^2}{u_1^2} > F_\alpha(n_2-1, n_1-1)$$

となる．

さて，ある工場の二つの製品 A, B の長さのばらつきが等しいかどうかをそれぞれ大きさ 10 の標本データから危険率 10% で検定してみよう．なお，A, B の分布は正規母集団と仮定する．A, B のデータは，

第 5 章　統計処理

$A: 7.0, 6.1, 5.8, 6.1, 6.0, 5.8, 6.4, 6.1, 5.9, 5.8$
$B: 6.1, 5.9, 5.7, 5.8, 5.9, 5.6, 5.6, 5.9, 5.6, 5.7$

とする．A, B の平均 $\overline{A}, \overline{B}$ は

$$\overline{A} = \frac{7.0 + 6.1 + ... + 5.8}{10} = 6.1$$

$$\overline{B} = \frac{6.1 + 5.9 + ... + 5.7}{10} = 5.78$$

となる．次に，それぞれの不偏分散を求めると，

$$u_A^2 = \frac{(7.0 - 6.1)^2 + ... + (5.8 - 6.1)^2}{9} = 0.1355556$$

$$u_B^2 = \frac{(6.1 - 5.78)^2 + ... + (5.7 - 5.78)^2}{9} = 0.02844444$$

$$\frac{u_A^2}{u_B^2} = 4.765625$$

となる．よって，

$$\frac{u_A^2}{u_B^2} = 4.765625 > F_{0.05}(9, 9) = 3.178893$$

となるので，危険率 10% で H_0 を棄却する．すなわち，

「A の分散 σ_A^2 と B の分散 σ_B^2 は等しくない」

と結論としても良い．

なお，信頼区間は

$$T_1 = \frac{1}{F_9^9(0.95)} \times \frac{\sigma_A^2}{\sigma_B^2} = 0.3145749 \times 4.765625 = 1.499146$$

$$T_2 = \frac{1}{F_9^9(0.95)} \times \frac{\sigma_A^2}{\sigma_B^2} = 3.178893 \times 4.765625 = 15.14941$$

5.5. 検定

となる．この検定を R で行うと次のようになる．

```
> x=c(7.0,6.1,5.8,6.1,6.0,5.8,6.4,6.1,5.9,5.8)
> y=c(6.1,5.9,5.7,5.8,5.9,5.6,5.6,5.9,5.6,5.7)
> var(x)
[1] 0.1355556
> var(y)
[1] 0.02844444
> v=var(x)/var(y)
> v
[1] 4.765625
> F1=qf(0.95,9,9,lower.tail=FALSE)
> F2=qf(0.05,9,9,lower.tail=FALSE)
> if(v>F2) print("sigma_x^2!=sigma_y^2") else
 print("sigma_x^2!=sigma_y^2")
[1] "sigma_x^2!=sigma_y^2"
> T1=v/F2
> T2=v/F1
> T1
[1] 1.499146
> T2
[1] 15.14941
```

なお，この検定は var.test で行うこともできる．ただし，デフォルトの信頼係数は 0.95 であるので，危険率 10% の検定を行うためにはオプションで conf.level=0.9 を指定する必要がある．

```
> x=c(7.0,6.1,5.8,6.1,6.0,5.8,6.4,6.1,5.9,5.8)
> y=c(6.1,5.9,5.7,5.8,5.9,5.6,5.6,5.9,5.6,5.7)
> var.test(x,y,alternative="two.sided",conf.level=0.9)

        F test to compare two variances

data:  x and y
F = 4.7656, num df = 9, denom df = 9, p-value = 0.02934
alternative hypothesis: true ratio of variances is not equal
```

第5章 統計処理

```
to 1
90 percent confidence interval:
  1.499146 15.149412
sample estimates:
ratio of variances
        4.765625
```

ここで，ratio of variances は $\dfrac{u_1^2}{u_2^2}$ の値である．

5.6 乱数

乱数 (random number) とは，文字通りランダムな数であり，いわゆるシミュレーション (simulation) などの分野で重要な役割を果たす (赤間，小笠原 (2005) 参照)．特に，乱数を利用したシミュレーションはモンテカルロ法 (Monte Carlo method) とも言われる．なお，乱数には，一様乱数，擬似乱数，正規乱数がある．

一様乱数 (uniform random number) は，出現する値が同じ割合の乱数である．たとえば，サイコロを投げた時に出る目の数やコインを投げた時の表と裏などは一様乱数となる．

擬似乱数 (pseudo-random number) は，コンピュータで生成される乱数であり，前の乱数の値から次の乱数の値を計算して乱数を発生させる．擬似乱数は，シード (seed) と呼ばれる内部的初期値から計算される．したがって，ある特定の数により計算される乱数は同じになる．よって，擬似乱数は厳密な意味では乱数とはならない．主な擬似乱数生成法には，**混合合同法** (mixed congruential method) や**平方採中法** (middle-square method) などがある．**正規乱数** (normal random number) は，正規分布に従う乱数である．

例題 5.15

コインの表を 1，裏を 0 とする．10 回コインを投げた時のランダムな列を生成

5.6. 乱数

してみよう．表と裏の出る確率はそれぞれ 0.5 である．

R では二項分布に従う乱数は，rbinom(n,size,prob) で生成される．ここで，n は生成される乱数の数，size は試行回数，prob は各試行の成功確率を表す．

```
> rbinom(10,size=1,p=0.5)
 [1] 0 0 1 0 0 1 0 0 1 1
```

なお，このような試行は，すでに述べたように Bernoulli 試行と言われる．

次に，ランダム列を 1000 個発生させて 1 が出る確率を調べてみよう．

```
> pp=rbinom(1000,size=1,p=0.5)
> sum(pp)
[1] 492
```

1 が出る数はほぼ 500 個になっていることが分かる．

例題 5.16

一様乱数は runif で生成することができる．10 個の一様乱数を生成し平均と標準偏差を求めてみよう．なお，シミュレーションなどでは同じ系列の乱数が必要な場合があるが，同じ乱数を再現したい時には set.seed(s) を事前に入力する．

```
> set.seed(9393); x=runif(10)
> x
 [1] 0.11160432 0.80545364 0.65332262 0.34524702 0.79295164
 0.56852523
 [7] 0.04220988 0.71227128 0.77263049 0.72848312
> mean(x)
[1] 0.5532699
> sd(x)
[1] 0.2857567
> set.seed(9393); runif(10)
```

第 5 章　統計処理

```
   [1] 0.11160432 0.80545364 0.65332262 0.34524702 0.79295164
0.56852523
   [7] 0.04220988 0.71227128 0.77263049 0.72848312
```

ここで，s はシードであり，適当な整数値を指定する．

例題 5.17

$N(0,1)$ に従う正規乱数を 10 個発生させ，それらの平均と標準偏差を求めてみよう．正規乱数は，rnorm で生成される．

```
> options(digits=2)
> nr=rnorm(10)
> nr
 [1] -0.06  0.91  0.69  0.83  0.19 -0.48  0.41  0.27 -0.65
 0.40
> mean(nr)
[1] 0.25
> sd(nr)
[1] 0.52
```

ここで，options(digits=2) は小数点以下 2 桁を表示するオプションである．発生乱数の数を増やすと平均は 0 に，標準偏差は 1 に近づく．

たとえば，発生乱数数を 1000 にすると，次のようになる．

```
> x=rnorm(1000)
> mean(x)
[1] 0.008665464
> sd(x)
[1] 1.014207
```

例題 5.18

正規乱数を 1000 個発生させ，分布が正規分布とどの程度ずれているかを確かめてみよう．このずれは正規 Q-Q プロットにより視覚的に判断することができる．すなわち，正規分布の分位点 x に対して正規乱数の分位点 y をプロットす

5.6. 乱数

る．よって，正規乱数が正規分布に従っていれば，$y = x$ 上に個々の正規乱数はプロットされる．

```
> x=rnorm(1000)
> qqnorm(x)
> qqline(x)
```

ここで，点は qqnorm で，直線は qqline により表示される．

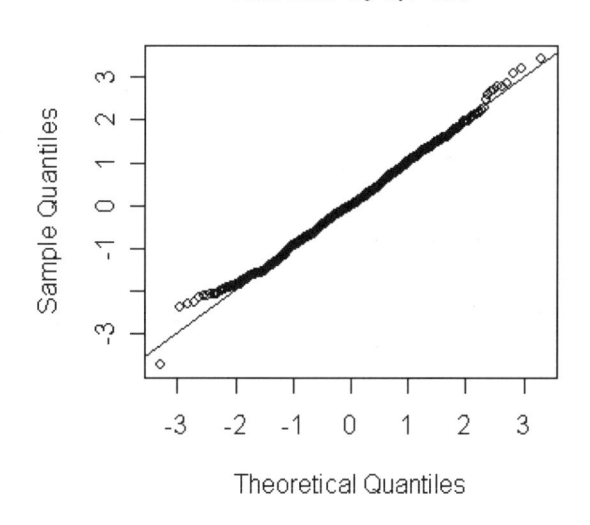

図 5.20　Q-Q プロット

第6章 プログラミング

6.1 関数

　Rには，通常のプログラミング言語と同様のプログラミング機能がある．その概要はすでに第2章で紹介したが，ここでは高度な機能について説明する．Rでは，ユーザは自分で**関数** (function) を定義し，利用することもできる．実用的な統計処理などを行うためには，ユーザ定義の関数が必要となる．

　関数は `function` を用い

```
func = function(arg) body
```

の形式で定義される．ここで，`arg` は引数で，`body` は関数の定義である．引数が複数の場合にはカンマで区切る．`body` はコマンドの列であるが，複数の場合には全体を { と } で囲む．なお，関数定義では R の関数を使用することができる．そして，関数の戻り値は `body` の最終行となる．また，最終行で `retunr(value)` と書いて，戻り値として `value` を返すこともできる．定義された関数は，`func(arg)` で実行される．

例題 6.1
0 から 1 までの一様乱数を n 個発生させ標準偏差を計算する関数 `myfunc` を作成する．

```
> myfunc = function(n)
+ {
```

第6章　プログラミング

```
+     x=runif(n,0,1)
+     s=sqrt(var(x))
+     return(print(s))
+ }
> myfunc(2000)
[1] 0.2839564
```

なお，関数定義内の + は入力中に改行が行われたことを示す．また，= は <- と書いても良い．

次に，定義した関数を保存して呼び出して使用してみよう．

例題 6.2

例題 6.1 で定義した関数 myfunc を保存し，利用してみよう．

　まず，myfunc をエディタで作成し，myfunc.R という名前で適当なフォルダ（たとえば，c:¥Rhon）に保存する．関数の作成には R Editor を使用することもできる．なお，エディタ使用の場合には改行時に表示される + は入力しない．保存した関数を利用する場合には，まず，source("file_name") で読み込まなくてはならない．その際，ファイル名はフルパスで指定する．なお，コマンド入力時，¥ は ¥¥ と書く．関数 myfunc の実行は以下のように行われる．

```
> source("c:¥¥Rhon¥¥myfunc.R")
> myfunc(1000)
[1] 0.2931881
> myfunc(10000)
[1] 0.2879646
```

　推定や検定を関数化することもできる．

例題 6.3

例題 5.9 で説明した母分散既知の場合の母平均の検定を行う関数 pmeantest を作成してみよう．

6.1. 関数

```
pmeantest = function(x,n,m0,a,sigma2)
{
  print("level of significance: a = 0.05",quote=FALSE)
  print("m = m0?",quote=FALSE)
  print(c("populaion means: m =",m0),quote=FALSE)
  print(c("population variance: sigma2 =",sigma2),quote=FALSE)
  xbar = mean(x)
  left = abs(xbar-m0)
  right=qnorm(1-a/2)*sqrt(sigma2/n)
  print("result:",quote=FALSE)
  if(left>right) print("m != m0",quote=FALSE) else
 print("m = m0",quote=FALSE)
}
```

print の表示結果はダブルクォーテーションで囲まれるが, 結果のみを表示させたい場合には, オプション quote=FALSE を指定する.

この関数を pmeantest.R という名前で保存し実行すると, 次のようになる.

```
> source("c:\\Rhon\\pmeantest.R")
> x=c(1.89,2.43,2.37,2.30,1.74)
> pmeantest(x,5,2.0,0.05,0.04)
[1] level of significance: a = 0.05
[1] m = m0?
[1] populaion means: m = 2
[1] population variance: sigma2 = 0.04
[1] result:
[1] m = m0
> pmeantest(x,5,3.1,0.05,0.04)
[1] level of significance: a = 0.05
[1] m = m0?
[1] populaion means: m = 3.1
[1] population variance: sigma2 = 0.04
[1] result:
[1] m != m0
```

R では関数の**再帰呼び出し** (recursive call) も可能である.

第6章　プログラミング

例題 6.4

階乗 $x!$ を計算する関数 `factorial` を再帰呼び出しにより定義すると，次のようになる．

```
> factrial = function(x)
+ {
+   ifelse(x==0,1,x*test(x-1))
+ }
> factorial(0)
[1] 1
> factorial(5)
[1] 120
```

ここで，`ifelse(test,yes,no)` は，`if else` 文に対応する関数であり，`test` が真ならば `yes` を，偽ならば `no` を実行する．

6.2　ファイル処理

R では，データ数が少ない場合には画面からデータを入力すれば良いが，データ数が多い場合にはファイル (file) を用いる．また，計算結果などが多い場合にもファイルの使用は有効である．すなわち，R ではファイルによる多量データや表の入出力処理が可能である．データは通常 Excel などの表計算ソフトやテキストエディタで作成されるが，いわゆる **CSV ファイル** (CSV file) として読み込まれる．ここで，CSV ファイルとはデータをカンマで区切って並べたファイル形式である．

例題 6.5

簡単なファイルからのデータ入力処理を見てみよう．まず，

  1,2,3,4,5,6,7,8,9,10

6.2. ファイル処理

という内容のファイルを akamadata.txt という名前で適当なフォルダに保存する．ファイルの読み込みは read.csv で行われる．

```
> x=read.csv("\\Rhon\\akamadata.txt",header=FALSE,sep=",")
> x
  V1 V2 V3 V4 V5 V6 V7 V8 V9 V10
1  1  2  3  4  5  6  7  8  9  10
> y=1:10
> y
 [1]  1  2  3  4  5  6  7  8  9 10
> mean(y)
[1] 5.5
```

ここで，header=FALSE はヘッダがない場合のオプションである．また，区切り文字，は sep="," で指定する．x の結果は表形式で表示されるが，V1,...,V10 はデフォルトの列名である．実際のデータ列のみを取り出したい時には 1:10 と入力する．

例題 6.6

例題 6.5 のデータ x を画面から入力させ，データの内容とデータの平均をファイル \\Rhon\\output.txt を書き込んでみよう．ファイルへのデータの書き込みは write で行われる．

```
> write(x,"\\Rhon\\output.txt",sep =" ",ncolumns=10)
> write(c("mean(x)=",mean(x)),"\\Rhon\\output.txt",append=TRUE)
```

ここで，ncolumns=10 は列数 10 を表す．また，区切り文字は空白としている．2 行目の write の append=TRUE はファイルの末尾に追加して書き込むオプションである．\\Rhon\\output.txt をエディタで開くと，次のようにデータが書き込まれている．

```
1 2 3 4 5 6 7 8 9 10
mean(x)=
5.5
```

第6章 プログラミング

次に，Excel で作成した表の読み込みについて説明する．

例題 6.7

まず，Excel で次のような表を作成する．

age	height	sex
20	159	F
23	165	M
21	174	F
19	150	F

1 行目には必ず列名を入れる．また，日本語対応でないバージョンの R では半角英数のみを使用する．この表を csv 形式で適当なフォルダに保存する．ここでは，Rdata.csv とする．以下では，このファイルを read.table で読み込み，5 数要約を求める．

```
> mydata=read.table("\\Rhon\\Rdata.csv",header=TRUE,sep=",")
> mydata
  age height sex
1  20    159   F
2  23    165   M
3  21    174   F
4  19    150   F
> summary(mydata)
      age            height         sex
 Min.   :19.00   Min.   :150.0   F:3
 1st Qu.:19.75   1st Qu.:156.8   M:1
 Median :20.50   Median :162.0
 Mean   :20.75   Mean   :162.0
 3rd Qu.:21.50   3rd Qu.:167.3
 Max.   :23.00   Max.   :174.0
```

ここで，列名があるので header=TRUE とする．また，csv 形式であるので，sep="," を指定している．

6.2. ファイル処理

例題 6.8

R で作成した表 (データフレーム) を csv 形式で書き出して Excel などで利用することも可能である．例題 2.9 のデータフレームを write.table により sample.csv という名前で書き出してみよう．

```
> mydata2=data.frame(stretch=c(46,56,48,50,44,42,52),
+ distance=c(148,183,173,166,109,141,166))
> write.table(mydata2,"¥¥Rhon¥¥sample.csv",sep=",",
row.names=FALSE)
> yy=read.table("¥¥Rhon¥¥sample.csv",header=TRUE,sep=",")
> yy
  stretch distance
1      46      148
2      56      183
3      48      173
4      50      166
5      44      109
6      42      141
7      52      166
```

ここで，write.table で row.names=FALSE を指定しないと，csv ファイルに行番号が 1 列目に付加され，表の形式がずれてしまう．また，読み込みの時には列名を追加するので，header=TRUE を指定する．sample.csv を Excel で読み込むと，次のような表になる．

```
stretch distance
46  148
56  183
48  173
50  166
44  109
42  141
52  166
```

以上のように，R では csv 形式のファイルにより表データの処理を行うことができる．

145

6.3 シミュレーション

　シミュレーションとは，コンピュータにより現実世界の現象を擬似的に実現することであり，近年非常に注目されている．シミュレーションのメリットは，次のような点にある．まず，システム開発においてシステムの性能や機能などを予測することができる．すなわち，シミュレーションにより，システム計画および設計がスムーズに進行可能となる．このようなシミュレーションは，情報システムの開発で利用されている．

　また，シミュレーションは開発に莫大な費用が必要なシステムを模擬的に構築する場合に利用される．たとえば，原子力や宇宙関連のシステム，新材料，複雑な大型装置の開発などでは，ある条件のもとで模擬的な実験を行う必要があるが，このようなシミュレーションは広く普及している．

　さらに，シミュレーションでは，ある現象について実現不可能な条件の設定が可能であり，具体的な結論を出すことができる．たとえば，100 年後の人口や明日の天気などは時が来なければ分からないし，また，100 万度の温度設定などは，シミュレーションにより容易に達成することができる．

　そして，Brown 運動や在庫管理などのランダムな現象は実際になってみないと分からないが，モンテカルロ法などの手法によりシミュレーションが可能である．

　以上から，シミュレーションのメリットは，実現不可能な条件の設定ができ，さらに結論を出すことができるということになる．そして，現在ではコンピュータによりシミュレーションが可能となっている．これは，コンピュータの性能と技術の飛躍的な発展によるところが大きい．ここでは，乱数を利用したシミュレーションである**モンテカルロ法**について説明する．

例題 6.9 (ヒットミス法)
乱数を用いて図形の面積，関数の積分値を求める手法は，ヒット・ミス法 (hit-

miss method) と言われる.

今，2 つの乱数を xy 面内の一点の x 座標と y 座標に対応させると，xy 面上にランダムに点をプロットできる．0 から 1 間の一様乱数でプロットされた点は原点から x 方向に 1，y 方向に 1 の長さの正方形 S_0 中に分布する．乱数が一様ならプロットされた点も一様にランダムに正方形 S_0 の領域内に分布する．求めたい 4 分円の面積 S は領域 S_0 内に含まれている．n 個のランダムポイントのうち，求めたい面積 S 内に落ちた点 (ヒットした点と呼ぶ) の数 m がわかれば面積 S は $S = m/n$ と求まる．

では，ヒットミス法により 4 分円の面積を求め円周率 π を計算するプログラムを作成してみよう．半径 1 の円の面積は $\pi \times$ 半径 $\times$ 半径 $= \pi \times 1 \times 1 = \pi$，4 分円の面積は $S = \pi/4$，4 分円の面積をヒットミス法で求め，4 倍すれば π が求まる．よって，xy 平面の第 1 象限内の 4 分円に入っている点の個数 m を数え，4 分円の面積 S から，π の値が求めることができる．方程式 $x^2 + y^2 = 1$ は中心の座標が $(0,0)$ で半径が 1 の円を表す．ランダムポイント (a,b) が円内にある時，$a^2 + b^2 < 1$ が成り立つ．

次のプログラムは，ヒットミス法で π を求めるプログラムであるが，ヒット数 m，円周率 π，および，ランダムポイントの分布の図が結果として表示される．

```
> n=1000
> m=0
> x=runif(n,0,1)
> y=runif(n,0,1)
> plot(x,y,type='p')
> for(i in 1:n)
+ {
+   if(x[i]^2+y[i]^2 < 1.0) m=m+1
+ }
> m
[1] 786
> pi=4.0*m/n
> print(pi)
```

第6章　プログラミング

```
[1] 3.144
> x1=seq(0,1,0.01)
> y1=sqrt(1-x1^2)
> lines(spline(x1,y1))
```

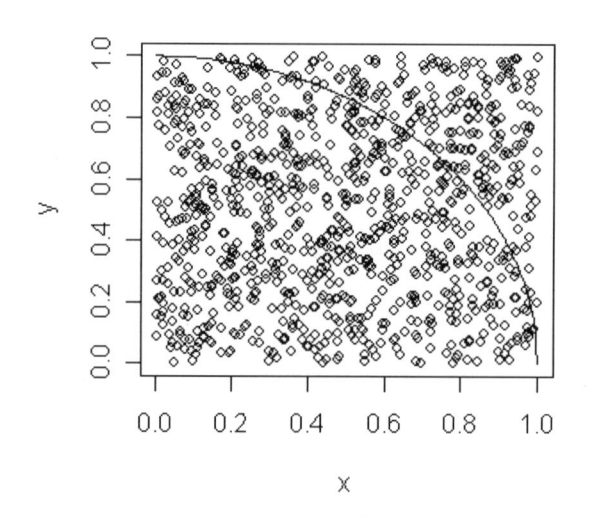

図 6.1　ヒットミス法

　ここで，ヒット数は 786，計算された π は 3.144 である．なお，lines(spline(x,y)) により，スプライン曲線として 4 分円が描画されている．**スプライン曲線** (spline curve) とは，すべての点を通るなめらかな曲線であり，spline(x,y) により補間は行われる．実験の結果，$n = 100000$ の時 $\pi = 3.14608$ となった．
　上記のプログラムを関数プログラム hitmiss.R として定義すると，次のようになる．

```
hitmisspi = function(n)
{
```

6.3. シミュレーション

```
m=0
x=runif(n,0,1)
y=runif(n,0,1)
plot(x,y,type='p')
for(i in 1:n)
{
   if(x[i]^2+y[i]^2 < 1.0) m=m+1
}
print(m)
pi=4.0*m/n
print(pi)
x1=seq(0,1,0.01)
y1=sqrt(1-x1^2)
lines(spline(x1,y1))
}
```

例題 6.10 (Poisson 乱数)

Poisson 乱数は，平均値 m の Poisson 分布 $P(r,m)$ に基づく乱数であり，待ち行列や在庫管理などのシミュレーションに応用される (赤間，小笠原 (2005) 参照)．

累積 Poisson 分布は，$rP(r,m) = P(0,m) + P(1,m) + ... + P(r,m)$ と定義される．$rP(r, 2.0)$ $(r = 0, 1, ..., 6)$ を計算するプログラムは，次のようになる．

```
> r=0:6
> dp=dpois(r,2.0)
> dp
[1] 0.13533528 0.27067057 0.27067057 0.18044704 0.09022352
 0.03608941 0.01202980
> cdp=0
> for(i in 1:7)
+ {
+    cdp=cdp+dp[i]
+    print(cdp)
+ }
[1] 0.1353353
```

第6章 プログラミング

```
[1] 0.4060058
[1] 0.6766764
[1] 0.8571235
[1] 0.947347
[1] 0.9834364
[1] 0.9954662
```

次に，Poisson 乱数の発生法について説明する．今，$r = 0$ から r が増加する時，累積 Poisson 分布は，上述のように，$P(0)$ から 1 まで一様に増加する．したがって，0 から 1 までの一様乱数 R と Poisson 分布を 1 対 1 に対応づけできる．発生させた一様乱数 R について

$0 \leq R < P(0)$ ならば $r = 0$,
$P(0) \leq R < P(0) + P(1)$ ならば $r = 1$,
$P(0) + P(1) \leq R < P(0) + P(1) + P(2)$ なら $r = 2$
…

のように一様乱数 R から Poisson 乱数 r を発生できる．

今，平均 2 分間隔でレジに客が来るとする．平均は 2 分であるが現実にはランダムな間隔で来る．平均 2 分間隔で Poisson 乱数に従った間隔でレジに客が来るものとしてモデル化を行い，10 人が来る間隔を実際に求め平均値が 2 となるか確かめなさい．一様乱数と対応する Poisson 乱数の例を次の表に示す．

一様乱数	0.739	0.358	0.992	0.946	0.971
Poisson 乱数	3	1	6	4	5

一様乱数	0.159	0.842	0.19	0.046	0.343
Poisson 乱数	1	3	1	0	1

表 6.1　10 個の一様乱数と対応する Poisson 乱数

次のプログラムは，表 6.1 を確かめるものである．

6.3. シミュレーション

```
m=2.0
n=10
R=c(0.739,0.358,0.992,0.946,0.971,0.159,0.842,0.19,0.046,
0.343)
r=c(0,0,0,0,0,0,0,0,0,0)
j=0
for(k in 1:n)
{
 for(i in 0:n-1)
 {
   rp=0
   for(j in 0:i)
   {
     p = dpois(j,m)
     rp=rp+p
   }
   if(R[k]<dpois(0,m))
   {
     r[k]=0
     break
   }
   if((rp-R[k]) > 0)
   {
     r[k]=i
     break
   }
 }
print(R[k])
print(r[k])
}
print("mean(r) =",quote=FALSE)
print(mean(r))
```

実際の間隔の平均値は 2.0 である．なお，平均 m の n 個の Poisson 乱数は rpois(n,m) で生成することができる．

```
> Pr=rpois(10,2.0)
```

151

第6章　プログラミング

```
> Pr
 [1] 2 2 0 2 1 1 5 2 1 2
> mean(Pr)
[1] 1.8
> Pr=rpois(100,2.0)
> mean(Pr)
[1] 2.06
> Pr=rpois(1000,2.0)
> mean(Pr)
[1] 2.066
> Pr=rpois(10000,2.0)
> mean(Pr)
[1] 1.9888
```

参考文献

赤間世紀: "Excel で学ぶデータ解析の基礎", ムイスリ出版, 2002.

赤間世紀, 小笠原正忠: "Java と Excel で学ぶシミュレーションの基礎", 電気書院, 2005.

中澤港: "R による統計解析の基礎", ピアソンエデュケーション, 2003.

間瀬茂, 神保雅一, 鎌倉稔成, 金藤浩司: "工学のためのデータサイエンス入門", 数理工学社, 2004.

Dalgaard, P.: *Introductory Statistics with R*, Springer, Berlin, 2002.

Hill, A.B.: The environment and diseases: association and causation," *Proc. of the Royal Society of Medicine*, 58, 295-300, 1965.

Kolmogorov, A.N.: *Grundbegriffe der Wahrscheinlichkeitrechnung*, Springer, 1933.(コルモゴロフ, A.H., "確率論の基礎概念", 根本信司訳, 東京図書, 1975)

Maindonald, J. and Braun, J.: *Data Analysis and Graphics Using R*, Cambridge University Press, 2003.

Verzani, J.: *Using R for Introductory Statistics*, Chapman & Hall, London, 2004.

付録：数表

標準正規分布

標準正規分布表

x	.00	.01	.02	.03	.04	.05	.06	.07	.08	.09
0.0	.0000	.0040	.0080	.0120	.0160	.0199	.0239	.0279	.0319	.0359
0.1	.0398	.0438	.0478	.0517	.0557	.0596	.0636	.0675	.0714	.0753
0.2	.0793	.0832	.0871	.0910	.0948	.0987	.1026	.1064	.1103	.1141
0.3	.1179	.1217	.1255	.1293	.1331	.1368	.1406	.1443	.1480	.1517
0.4	.1554	.1591	.1628	.1664	.1700	.1736	.1772	.1808	.1844	.1879
0.5	.1915	.1950	.1985	.2019	.2054	.2088	.2123	.2157	.2190	.2224
0.6	.2257	.2291	.2324	.2357	.2389	.2422	.2454	.2486	.2517	.2549
0.7	.2580	.2611	.2642	.2673	.2704	.2734	.2764	.2794	.2823	.2852
0.8	.2881	.2910	.2939	.2967	.2995	.3023	.3051	.3078	.3106	.3133
0.9	.3159	.3186	.3212	.3238	.3264	.3289	.3315	.3340	.3365	.3389
1.0	.3413	.3438	.3461	.3485	.3508	.3531	.3554	.3577	.3599	.3621
1.1	.3643	.3665	.3686	.3708	.3729	.3749	.3770	.3790	.3810	.3830
1.2	.3849	.3869	.3888	.3907	.3925	.3944	.3962	.3980	.3997	.4015
1.3	.4032	.4049	.4066	.4082	.4099	.4115	.4131	.4147	.4162	.4177
1.4	.4192	.4207	.4222	.4236	.4251	.4265	.4279	.4292	.4306	.4319
1.5	.4332	.4345	.4357	.4370	.4382	.4394	.4406	.4418	.4429	.4441
1.6	.4452	.4463	.4474	.4484	.4495	.4505	.4515	.4525	.4535	.4545
1.7	.4554	.4564	.4573	.4582	.4591	.4599	.4608	.4616	.4625	.4633
1.8	.4641	.4649	.4656	.4664	.4671	.4678	.4686	.4693	.4699	.4706
1.9	.4713	.4719	.4726	.4732	.4738	.4744	.4750	.4756	.4761	.4767
2.0	.4772	.4778	.4783	.4788	.4793	.4798	.4803	.4808	.4812	.4817
2.1	.4821	.4826	.4830	.4834	.4838	.4842	.4846	.4850	.4854	.4857
2.2	.4861	.4864	.4868	.4871	.4875	.4878	.4881	.4884	.4887	.4890
2.3	.4893	.4896	.4898	.4901	.4904	.4906	.4909	.4911	.4913	.4916
2.4	.4918	.4920	.4922	.4925	.4927	.4929	.4931	.4932	.4934	.4936
2.5	.4938	.4940	.4941	.4943	.4945	.4946	.4948	.4949	.4951	.4952
2.6	.4953	.4955	.4956	.4957	.4959	.4960	.4961	.4962	.4963	.4964
2.7	.4965	.4966	.4967	.4968	.4969	.4970	.4971	.4972	.4973	.4974
2.8	.4974	.4975	.4976	.4977	.4977	.4978	.4979	.4979	.4980	.4981
2.9	.4981	.4982	.4982	.4983	.4984	.4984	.4985	.4985	.4986	.4986
3.0	.4987	.4987	.4987	.4988	.4988	.4989	.4989	.4989	.4990	.4990

付録: 数表

標準正規分布表の見方を説明する．標準正規分布表は

$$z \to I(z) = \int_0^z \frac{1}{\sqrt{2\pi}} e^{-\frac{x^2}{2}} dx$$

の表である．z に対して → の右側の値が書かれている．付図 1 のグラフは標準正規分布の密度関数

$$y = \frac{1}{\sqrt{2\pi}} e^{-\frac{x^2}{2}}$$

のグラフである．ここで，塗りつぶしの部分は値 z に対する確率を表している．たとえば，$z = 1.96$ に対応する確率を求めるためには，まず，標準正規分布表の 1.9 の行を見る．次に，0.06 の列を見る．そうすると，値は 0.475 となっており，それが求める確率である．標準正規分布のグラフは左右対称であり，右半分と左半分がそれぞれ 50% の確率を表している．よって，右半分の塗りつぶしでない部分の確率は $0.5 - 0.475 = 0.025$，すなわち，2.5% となる．つまり，1.96 は 5% の半分である 2.5% に対応する x を意味している．したがって，信頼度 95(99)% の推定や検定では値 1.96(2.58) が用いられる．なお，別の形の標準正規分布表もある．

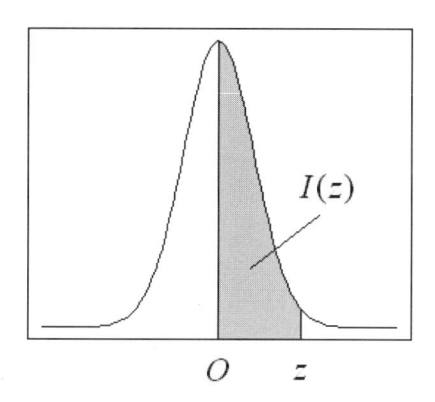

付図 1　標準正規分布表の原理

付録: 数表

Rでは，標準正規分布に関する確率は pnorm で計算される．すなわち，pnorm(x) は，x より左側の面積 (累積確率) を計算する．

```
> pnorm(0)
[1] 0.5
> pnorm(-1.96)
[1] 0.02499790
> pnorm(1.96)
[1] 0.9750021
> qnorm(0.975)
[1] 1.959964
> 1-pnorm(1.96)
[1] 0.02499790
> pnorm(1.96,lower.tail=FALSE)
[1] 0.02499790
```

標準正規分布のグラフは左右対称であるので，pnorm(0)=0.5 は当たり前である．pnorm(-1.96) は x=1.96 を満足する累積確率が 2.5 % であることを表している．また，pnorm(1.96) は z<1.96 を満足する累積確率が 97.5 % であることを表している．qnorm(p) によって pnorm(x) = p を満足する p から x を求めることができる．なお，付図 1 の右半分の塗りつぶしでない部分の確率は 1-pnorm(x)，または，pnorm(x,lower.tail=FALSE) により求められる．

t 分布

標本平均を $\bar{x}$，標本分散を u，母平均を m，データ数を n と置き，

$$t = \frac{\bar{x} - m}{\sqrt{u/n}}$$

とすると，t 分布の確率密度関数は

$$f_\phi(t) = \frac{\Gamma((\phi+1)/2)}{\Gamma(\phi/2)\sqrt{\pi\phi}}$$

で定義される．ただし，$\phi = n-1$ は自由度，Γ は Γ 関数を表す．

t 分布表

自由度 (ϕ)	有意水準				
	2α (両側)	0.1	0.05	0.02	0.01
	α (片側)	0.05	0.025	0.01	0.005
1		6.31	12.71	31.82	63.66
2		2.92	4.30	6.92	9.92
3		2.35	3.18	4.54	5.84
4		2.13	2.78	3.75	4.60
5		2.02	2.57	3.36	4.03
6		1.94	2.45	3.14	3.71
7		1.89	2.36	3.00	3.50
8		1.86	2.31	2.90	3.36
9		1.83	2.26	2.82	3.25
10		1.81	2.23	2.76	3.17
11		1.80	2.20	2.72	3.11
12		1.78	2.18	2.68	3.05
13		1.77	2.16	2.65	3.01
14		1.76	2.14	2.62	2.98
15		1.75	2.13	2.60	2.95
16		1.75	2.12	2.58	2.92
17		1.74	2.11	2.57	2.90
18		1.73	2.10	2.55	2.88
19		1.73	2.09	2.54	2.86
20		1.72	2.09	2.53	2.85
21		1.72	2.08	2.52	2.83
22		1.72	2.07	2.51	2.82
23		1.71	2.07	2.50	2.81
24		1.71	2.06	2.49	2.80
25		1.71	2.06	2.49	2.79
26		1.71	2.06	2.48	2.78
27		1.70	2.05	2.47	2.77
28		1.70	2.05	2.47	2.76
29		1.70	2.05	2.46	2.76
30		1.70	2.04	2.46	2.75
40		1.68	2.02	2.42	2.70
60		1.67	2.00	2.39	2.66
120		1.66	1.98	2.36	2.62
240		1.65	1.97	2.34	2.60
∞		1.64	1.96	2.33	2.58

付録: 数表

t 分布表は, $f_\phi(t)$ についての次の積分値が α となる時の t 値 (片側, 両側確率) を記したものである. すなわち,

$$\alpha \to t_\phi(\alpha)$$

であり, $100 \times \alpha\%$ 点の $t_\phi(\alpha)$ を表にしている.

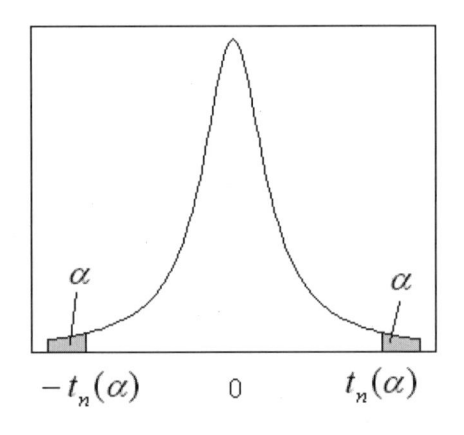

付図 2　t 分布表の原理

R では, $t_{df}(\alpha)$ は qt(a,df,lower.tail=FALSE) により計算される (片側確率).

```
> qt(0.05,1,lower.tail=FALSE)
[1] 6.313752
> qt(0.025,2,lower.tail=FALSE)
[1] 4.302653
```

付録: 数表

χ^2 分布

χ^2 分布表は，$\chi^2_\phi(t)$ についての次の積分値が α となる時の $\chi^2_\phi(\alpha)$ 値 (片側, 両側確率) を記したものである．

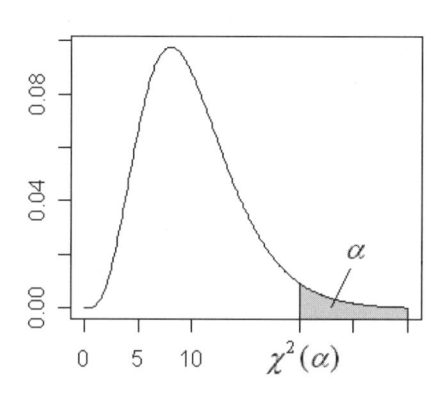

付図 3　χ^2 分布表の原理

R では，$\chi^2_\phi(\alpha)$ は qchisq(a,df,lower.tail=FALSE) により計算される．

```
> qchisq(0.995,4,lower.tail=FALSE)
[1] 0.2069891
> qchisq(0.01,100,lower.tail=FALSE)
[1] 135.8067
> qchisq(0.005,90,lower.tail=FALSE)
[1] 128.2989
```

付録: 数表

χ^2 分布表

自由度 (ϕ)	有意水準 (α) 0.995	0.975	0.05	0.025	0.01	0.005
1	0.000039	0.00098	3.8415	5.0239	6.6349	7.8794
2	0.01003	0.05064	5.9915	7.3778	9.2103	10.5966
3	0.07172	0.2158	7.8147	9.3484	11.3449	12.8382
4	0.2070	0.4844	9.4877	11.1433	13.2767	14.8603
5	0.4117	0.8312	11.0705	12.8325	15.0863	16.7496
6	0.6757	1.2373	12.5916	14.4494	16.8119	18.5476
7	0.9893	1.6899	14.0671	16.0128	18.4753	20.2777
8	1.3444	2.1797	15.5073	17.5345	20.0902	21.9550
9	1.7349	2.7004	16.9190	19.0228	21.6660	23.5894
10	2.1559	3.2470	18.3070	20.4832	23.2093	25.1882
11	2.6032	3.8157	19.6751	21.9200	24.7250	26.7568
12	3.0738	4.4038	21.0261	23.3367	26.2170	28.2995
13	3.5650	5.0088	22.3620	24.7356	27.6882	29.8195
14	4.0747	5.6287	23.6848	26.1189	29.1412	31.3193
15	4.6009	6.2621	24.9958	27.4884	30.5779	32.8013
16	5.1422	6.9077	26.2962	28.8454	31.9999	34.2672
17	5.6972	7.5642	27.5871	30.1910	33.4087	35.7185
18	6.2648	8.2307	28.8693	31.5264	34.8053	37.1565
19	6.8440	8.9065	30.1435	32.8523	36.1909	38.5823
20	7.4338	9.5908	31.4104	34.1696	37.5662	39.9968
30	13.7867	16.7908	43.7730	46.9792	50.8922	53.6720
40	20.7065	24.4330	55.7585	59.3417	63.6907	66.7660
50	27.9907	32.3574	67.5048	71.4202	76.1539	79.4900
60	35.5345	40.4817	79.0819	83.2977	88.3794	91.9517
70	43.2752	48.7576	90.5312	95.0232	100.4252	104.2149
80	51.1719	57.1532	101.8795	106.6286	112.3288	116.3211
90	59.1963	65.6466	113.1453	118.1359	124.1163	128.2989
100	67.3276	74.2219	124.3421	129.5612	135.8067	140.1695

F 分布

F 分布表は,

$$m, n \to \lambda = F_n^m(\alpha)$$

を表にしたものである.

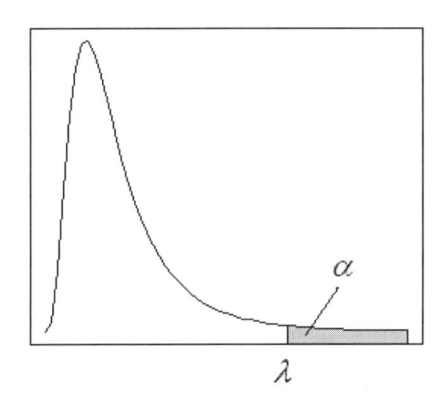

付図 4　F 分布表の原理

すなわち, $\alpha = P(F > \lambda)$ となるパーセント点を求めるための表である.

R では, $F_n^m(\alpha)$ は qf(a,m,n,lower.tail=FALSE) で計算される.

```
> qf(0.05,2,2,lower.tail=FALSE)
[1] 19
> qf(0.05,9,9,lower.tail=FALSE)
[1] 3.178893
> qf(0.01,2,3,lower.tail=FALSE)
[1] 30.81652
> qf(0.01,30,40,lower.tail=FALSE)
[1] 2.203382
```

付録: 数表

F 分布表 ($\alpha = 0.05$)

n \ m	1	2	3	4	5	6	7
1	161.4	199.5	215.7	224.6	230.2	234.0	236.8
2	18.51	19.00	19.16	19.25	19.30	19.33	19.35
3	10.13	9.55	9.28	9.12	9.01	8.94	8.89
4	7.71	6.94	6.59	6.39	6.26	6.16	6.09
5	6.61	5.79	5.41	5.19	5.05	4.95	4.88
6	5.99	5.14	4.76	4.53	4.39	4.28	4.21
7	5.59	4.74	4.35	4.12	3.97	3.87	3.79
8	5.32	4.46	4.07	3.84	3.69	3.58	3.50
9	5.12	4.26	3.86	3.63	3.48	3.37	3.29
10	4.96	4.10	3.71	3.48	3.33	3.22	3.14
11	4.84	3.98	3.59	3.36	3.20	3.09	3.01
12	4.75	3.89	3.49	3.26	3.11	3.00	2.91
13	4.67	3.81	3.41	3.18	3.03	2.92	2.83
14	4.60	3.74	3.34	3.11	2.96	2.85	2.76
15	4.54	3.68	3.29	3.06	2.90	2.79	2.71
16	4.49	3.63	3.24	3.01	2.85	2.74	2.66
17	4.45	3.59	3.20	2.96	2.81	2.70	2.61
18	4.41	3.55	3.16	2.93	2.77	2.66	2.58
19	4.38	3.52	3.13	2.90	2.74	2.63	2.54
20	4.35	3.49	3.10	2.87	2.71	2.60	2.51
21	4.32	3.47	3.07	2.84	2.68	2.57	2.49
22	4.30	3.44	3.05	2.82	2.66	2.55	2.46
23	4.28	3.42	3.03	2.80	2.64	2.53	2.44
24	4.26	3.40	3.01	2.78	2.62	2.51	2.42
25	4.24	3.39	2.99	2.76	2.60	2.49	2.40
26	4.23	3.37	2.98	2.74	2.59	2.47	2.39
27	4.21	3.35	2.96	2.73	2.57	2.46	2.37
28	4.20	3.34	2.95	2.71	2.56	2.45	2.36
29	4.18	3.33	2.93	2.70	2.55	2.43	2.35
30	4.17	3.32	2.92	2.69	2.53	2.42	2.33
40	4.08	3.23	2.84	2.61	2.45	2.34	2.25
60	4.00	3.15	2.76	2.53	2.37	2.25	2.17
120	3.92	3.07	2.68	2.45	2.29	2.18	2.09
∞	3.84	3.00	2.60	2.37	2.21	2.10	2.01

F 分布表 ($\alpha = 0.05$)

n \ m	8	9	10	11	12	15	20	30	∞
1	238.9	240.5	241.9	243.0	243.9	245.9	248.0	250.1	254.3
2	19.40	19.40	19.41	19.43	19.45	19.46	19.50	19.50	19.50
3	8.85	8.81	8.79	8.76	8.74	8.70	8.66	8.62	8.53
4	6.04	6.00	5.96	5.94	5.91	5.86	5.80	5.75	5.63
5	4.82	4.77	4.74	4.70	4.68	4.62	4.56	4.50	4.36
6	4.15	4.10	4.06	4.03	4.00	3.94	3.87	3.81	3.67
7	3.73	3.68	3.64	3.60	3.57	3.51	3.44	3.38	3.23
8	3.44	3.39	3.35	3.31	3.28	3.22	3.15	3.08	2.93
9	3.23	3.18	3.14	3.10	3.07	3.01	2.94	2.86	2.71
10	3.07	3.02	2.98	2.94	2.91	2.85	2.77	2.70	2.54
11	2.95	2.90	2.85	2.82	2.79	2.72	2.65	2.57	2.40
12	2.85	2.80	2.75	2.72	2.69	2.62	2.54	2.47	2.30
13	2.77	2.71	2.67	2.63	2.60	2.53	2.46	2.38	2.21
14	2.70	2.65	2.60	2.57	2.53	2.46	2.39	2.31	2.13
15	2.64	2.59	2.54	2.51	2.48	2.40	2.33	2.25	2.07
16	2.59	2.54	2.49	2.46	2.42	2.35	2.28	2.19	2.01
17	2.55	2.49	2.45	2.41	2.38	2.31	2.23	2.15	1.96
18	2.51	2.46	2.41	2.37	2.34	2.27	2.19	2.11	1.92
19	2.48	2.42	2.38	2.34	2.31	2.23	2.16	2.07	1.88
20	2.45	2.39	2.35	2.31	2.28	2.20	2.12	2.04	1.84
21	2.42	2.37	2.32	2.28	2.25	2.18	2.10	2.01	1.81
22	2.40	2.34	2.30	2.26	2.23	2.15	2.07	1.98	1.78
23	2.37	2.32	2.27	2.24	2.20	2.13	2.05	1.96	1.76
24	2.36	2.30	2.25	2.22	2.18	2.11	2.03	1.94	1.73
25	2.34	2.28	2.24	2.20	2.16	2.09	2.01	1.92	1.71
26	2.32	2.27	2.22	2.18	2.15	2.07	1.99	1.90	1.69
27	2.31	2.25	2.20	2.17	2.13	2.06	1.97	1.88	1.67
28	2.29	2.24	2.19	2.15	2.12	2.04	1.96	1.87	1.65
29	2.28	2.22	2.18	2.14	2.10	2.03	1.94	1.85	1.64
30	2.27	2.21	2.16	2.13	2.09	2.01	1.93	1.84	1.62
40	2.18	2.12	2.08	2.04	2.00	1.92	1.84	1.74	1.51
60	2.10	2.04	1.99	1.95	1.92	1.84	1.75	1.65	1.39
120	2.02	1.96	1.91	1.87	1.83	1.75	1.66	1.55	1.25
∞	1.94	1.88	1.83	1.79	1.75	1.67	1.57	1.46	1.00

付録: 数表

F 分布表 ($\alpha = 0.01$)

n \ m	1	2	3	4	5	6	7
1	4052	4999	5403	5625	5764	5859	5928
2	98.50	99.00	99.17	99.25	99.30	99.33	99.36
3	34.12	30.82	29.46	28.71	28.24	27.91	27.67
4	21.20	18.00	16.69	15.98	15.52	15.21	14.98
5	16.26	13.27	12.06	11.39	10.97	10.67	10.46
6	13.75	10.92	9.78	9.15	8.75	8.47	8.26
7	12.25	9.55	8.45	7.85	7.46	7.19	6.99
8	11.26	8.65	7.59	7.01	6.63	6.37	6.18
9	10.56	8.02	6.99	6.42	6.06	5.80	5.61
10	10.04	7.56	6.55	5.99	5.64	5.39	5.20
11	9.65	7.21	6.22	5.67	5.32	5.07	4.89
12	9.33	6.93	5.95	5.41	5.06	4.82	4.64
13	9.07	6.70	5.74	5.21	4.86	4.62	4.44
14	8.86	6.51	5.56	5.04	4.69	4.46	4.28
15	8.68	6.36	5.42	4.89	4.56	4.32	4.14
16	8.53	6.23	5.29	4.77	4.44	4.20	4.03
17	8.40	6.11	5.18	4.67	4.34	4.10	3.93
18	8.29	6.01	5.09	4.58	4.25	4.01	3.84
19	8.18	5.93	5.01	4.50	4.17	3.94	3.77
20	8.10	5.85	4.94	4.43	4.10	3.87	3.70
21	8.02	5.78	4.87	4.37	4.04	3.81	3.64
22	7.95	5.72	4.82	4.31	3.99	3.76	3.59
23	7.88	5.66	4.76	4.26	3.94	3.71	3.54
24	7.82	5.61	4.72	4.22	3.90	3.67	3.50
25	7.77	5.57	4.68	4.18	3.85	3.63	3.46
26	7.72	5.53	4.64	4.14	3.82	3.59	3.42
27	7.68	5.49	4.60	4.11	3.78	3.56	3.39
28	7.64	5.45	4.57	4.07	3.75	3.53	3.36
29	7.60	5.42	4.54	4.04	3.73	3.50	3.33
30	7.56	5.39	4.51	4.02	3.70	3.47	3.30
40	7.31	5.18	4.31	3.83	3.51	3.29	3.12
60	7.08	4.98	4.13	3.65	3.34	3.12	2.95
120	6.85	4.79	3.95	3.48	3.17	2.96	2.79
∞	6.63	4.61	3.78	3.32	3.02	2.80	2.64

F 分布表 ($\alpha = 0.01$)

n \ m	8	9	10	11	12	15	20	30	∞
1	5981	6022	6056	6083	6106	6157	6209	6261	6366
2	99.37	99.39	99.40	99.41	99.42	99.43	99.45	99.47	99.50
3	27.49	27.35	27.23	27.13	27.05	26.87	26.69	26.50	26.13
4	14.80	14.66	14.55	14.45	14.37	14.20	14.02	13.84	13.46
5	10.29	10.16	10.05	9.96	9.89	9.72	9.55	9.38	9.02
6	8.10	7.98	7.87	7.79	7.72	7.56	7.40	7.23	6.88
7	6.84	6.72	6.62	6.54	6.47	6.31	6.16	5.99	5.65
8	6.03	5.91	5.81	5.73	5.67	5.52	5.36	5.20	4.86
9	5.47	5.35	5.26	5.18	5.11	4.96	4.81	4.65	4.31
10	5.06	4.94	4.85	4.77	4.71	4.56	4.41	4.25	3.91
11	4.74	4.63	4.54	4.46	4.40	4.25	4.10	3.94	3.60
12	4.50	4.39	4.30	4.22	4.16	4.01	3.86	3.70	3.36
13	4.30	4.19	4.10	4.02	3.96	3.82	3.66	3.51	3.17
14	4.14	4.03	3.94	3.86	3.80	3.66	3.51	3.35	3.00
15	4.00	3.89	3.80	3.73	3.67	3.52	3.37	3.21	2.87
16	3.89	3.78	3.69	3.62	3.55	3.41	3.26	3.10	2.75
17	3.79	3.68	3.59	3.52	3.46	3.31	3.16	3.00	2.65
18	3.71	3.60	3.51	3.43	3.37	3.23	3.08	2.92	2.57
19	3.63	3.52	3.43	3.36	3.30	3.15	3.00	2.84	2.49
20	3.56	3.46	3.37	3.29	3.23	3.09	2.94	2.78	2.42
21	3.51	3.40	3.31	3.24	3.17	3.03	2.88	2.72	2.36
22	3.45	3.35	3.26	3.18	3.12	2.98	2.83	2.67	2.31
23	3.41	3.30	3.21	3.14	3.07	2.93	2.78	2.62	2.26
24	3.36	3.26	3.17	3.09	3.03	2.89	2.74	2.58	2.21
25	3.32	3.22	3.13	3.06	2.99	2.85	2.70	2.54	2.17
26	3.29	3.18	3.09	3.02	2.96	2.81	2.66	2.50	2.13
27	3.26	3.15	3.06	2.99	2.93	2.78	2.63	2.47	2.10
28	3.23	3.12	3.03	2.96	2.90	2.75	2.60	2.44	2.06
29	3.20	3.09	3.00	2.93	2.87	2.73	2.57	2.41	2.03
30	3.17	3.07	2.98	2.91	2.84	2.70	2.55	2.39	2.01
40	2.99	2.89	2.80	2.73	2.66	2.52	2.37	2.20	1.80
60	2.82	2.72	2.63	2.56	2.50	2.35	2.20	2.03	1.60
120	2.66	2.56	2.47	2.40	2.34	2.19	2.03	1.86	1.38
∞	2.51	2.41	2.32	2.25	2.18	2.04	1.88	1.70	1.00

索 引

欧文

χ^2 分布　113
p 値　117
t 分布　107
*　　12, 17
+　　12, 17, 20
-　　12, 17, 20
/　　12
?　　11
&　　128
5 数要約　61

acf　93
acos　14
asin　14
atan　14

barplot　77
Bernoulli 試行　42
Borel 集合体　38
boxplot　74

ceiling　13
cor　84
cor.test　84
cos　14
cosh　14
CSV ファイル　142
cummax　16
cummin　16
cumprod　16
cumsum　16

curve　64

D　23
data.frame　28
dbinom　42
deriv　23
dnorm　46
dpois　45
dt　108

eigen　21

fivenum　61
floor　13
for　33
function　139
F 分布　129

gamma　14
GNU　2
GNU プロジェクト　1
GPL　2

help　11
hist　65

if　34
ifelse　142
integrate　23
intersect　17
IQR　59

lines　67, 148
lm　90

166

索引

log　14
log10　14
log2　14

matrix　19
max　16
mean　16, 56
median　56
min　16

NA　18

pi　14
pie　78
plot　31, 63
pnorm　156
Poisson 分布　43
Poisson 乱数　149
prop.test　112

qchisq　159
qf　161
qnorm　156
qqline　137
qqnorm　137
qt　158
quantile　58

R　1
range　16
rbinom　135
R Console　7
read.csv　143
read.table　144
R Editor　7
rep　19
return　139
rev　18
rnorm　65, 136
round　13
rpois　151

runif　27, 135
R ファイル　8

S　1
scan　30
sd　16, 60
seq　29, 42
set.seed　135
setdiff　17
sign　14
sin　14
sinh　14
solve　21, 22
sort　27
source　140
specturum　93
spline　148
stem　76
summary　90

t.test　110, 123, 126
tan　14
tanh　14
trunc　13

union　17
unlist　26
UsingR　11

var　16, 59
var.test　133

while　33
write　143
write.table　145

xor　128

167

索引

和文

一様分布　46
一様乱数　27, 134
因果関係　83

上ヒンジ値　61

円グラフ　78

回帰直線　87
回帰分析　87
階乗　42
カオス　99
確率　37
確率空間　38
確率分布　40
確率変数　39
確率密度関数　40
下限値　104
片側検定　117
片対数グラフ　69
加法性　38
加法定理　38
関数　139
ガンマ関数　108

危険率　117
記述統計学　55
擬似乱数　134
基本等計量　55
帰無仮説　116
逆行列　21
共通集合　17, 37

空事象　37
空集合　37
区間推定　104
組合せ　41

結合集合　17, 37
検定　116

公理　37
固有値　21
固有ベクトル　21
混合合同法　134

再帰呼び出し　141
最小二乗法　87
最小値　16
最大値　16
最頻値　57
差集合　17
算術平均　56
散布度　55

シード　134
時系列データ　92
時系列分析　92
時系列モデル　92
自己相関係数　92
事象　37
下ヒンジ値　61
実現値　102
四分位偏差　57
シミュレーション　134, 146
上限値　104
条件付確率　39
乗法定理　39
信頼区間　104
信頼係数, 104

推測統計学　55
推定　104
推定量　104
数列　29
スプライン曲線　148

正規分布　45
正規母集団　104
正規乱数　134
積　16
積事象　37
積率相関係数　82

168

索引

全数調査　101
尖度　61

相関関係　81
相関係数　82
相関図　81
相関表　81
ソート　27

第一種の誤り　116
対数グラフ　69
第二種の誤り　116
代表値　55
対立仮説　116
多項式回帰分析　87
単回帰分析　87

中央値　56

データフレーム　28
データベクトル　7
点推定　104

統計学　55
統計量　102
動向　92
独立　39
度数分布　65
度数分布表　65

内積　17

二項分布　42

葉　76
背反　37
排反事象　38
配列　19
パーセンタイル　57
パワースペクトル密度関数　93
範囲　60

ヒストグラム　65

ヒット・ミス法　146
非復元抽出　102
標準正規分布　45
標準偏差　40, 59
標本　101
標本調査　101
標本の大きさ　101
標本分散　102
標本分布　102
標本平均　102
標本変量　102
比率, 111

ファイル　142
復元抽出　102
不偏推定量　104
不偏分散　59, 103
プログラミング　32
分散　40, 59
分布関数　40

平均　40, 56
平方採中法　134
ベータ関数　130
ヘルプ　11
偏差　59
偏差平方和　59
変動係数　60

棒グラフ　77
補集合　37
母集団　101
母数　102
ボックスプロット　74
母分散　102
母平均　102

幹　76
幹–葉グラフ　76
密度評価　67

無限母集団　101

169

索 引

無作為抽出　101

モデル式　49
モンテカルロ法　134, 146

有意抽出　101
有限母集団　101

余事象　37

ラグ　93
乱数　134

離散確率変数　39
リスト　25
両側検定　117
両対数グラフ　69

連続確率変数　39

ロジスティック写像　99

和　16
歪度　61
和事象　37

著者略歴

赤間 世紀 (あかま・せいき)
 1984 年 東京理科大学理工学部経営工学科卒業
     富士通株式会社入社
 現在 帝京平成大学情報学部情報システム学科講師
     工学博士
主要著書
離散数学概論 (1996, コロナ社)
やさしい線形代数学 (2001, 槇書店),
C アルゴリズム入門 (2004, 共立出版)
MuPAD で学ぶ基礎数学 (2004, 丸善, 共著)
Java と Excel で学ぶシミュレーションの基礎 (2005, 電気書院)

山口 喜博 (やまぐち・よしひろ)
 1983 年 東京理科大学大学院理学研究科物理学専攻博士課程終了
 現在 帝京平成大学情報学部情報システム学科助教授
     理学博士
主要著書
MuPAD で学ぶ基礎数学 (2004, 丸善, 共著)

Rによる統計入門

定価はカバーに表示してあります。

2006 年 8 月 30 日　1 版 1 刷発行
2011 年 7 月 10 日　1 版 2 刷発行

ISBN978-4-7655-3335-5 C3055

著　者　　赤　間　世　紀
　　　　　山　口　喜　博
発 行 者　長　　　滋　彦
発 行 所　技報堂出版株式会社

日本書籍出版協会会員
自然科学書協会会員
工学書協会会員
土木・建築書協会会員
Printed in Japan

〒101-0051　東京都千代田区神田神保町 1-2-5
電話　　営　業 (03)(5 2 1 7) 0 8 8 5
　　　　編　集 (03)(5 2 1 7) 0 8 8 1
FAX　　　　　 (03)(5 2 1 7) 0 8 8 6
振替口座　00140-4-10
http://www.gihodoshuppan.co.jp/

Ⓒ Seiki Akama and Yoshihiro Yamaguchi, 2006

イラスト：柳田早映　装幀：ジンキッズ　印刷・製本：三美印刷

落丁・乱丁はお取り替えいたします。
本書の無断複写は、著作権法上での例外を除き、禁じられています。

◆小社刊行図書のご案内◆

Javaによる応用数値計算

赤間世紀 著
A5・198頁
ISBN：4-7655-3334-4

【内容紹介】 近年, Java 言語はプログラミング言語の主流となってきており, Java による数値計算の重要性も高くなっている。また, 数値計算は, 物理学から工学や経済学などのさまざまな分野で利用されているが, 実用的な数値計算プログラムを作成することは必ずしも容易ではない。本書では, 応用可能性の高い高度な数値計算プログラミングについて論じ, また, オブジェクト指向の観点からの数値計算の解釈例についても説明する。理論解説の後, 例題プログラムを示す形態を取る。

データベースの原理

赤間世紀 著
A5・184頁
ISBN：4-7655-3326-3

【内容紹介】 データベースソフトを自在に活用するためには, データベース理論についての一定の理解が必要である。本書は, データベース理論の基礎知識をやさしく提供する書で, 基礎概念, データモデルから始め, 商用データベースの主流をなす関係データベースの数学的基礎, 構築法, データベース言語 SQL について解説するとともに, オブジェクト指向データベース, 知識ベース, 今後の動向にも言及している。

―情報処理技術者のための―
情報科学の基礎知識

赤間世紀 著
A5・164頁
ISBN：4-7655-3327-1

【内容紹介】 言うまでもないことかもしれないが, 情報処理技術者がもつべき知識の基本中の基本は, 情報科学に関する知識である。本書は, その情報科学の基礎が効率的に学習できるよう, まとめられた書で, とくに基本情報技術者試験受験者用として, 同試験午前の部の出題範囲である理論的分野への対策ということを念頭に, 簡潔, 明快に解説されている。理解度を確認するための典型的例題を要所に配するとともに, 各章末には練習問題が付されている（略解は巻末）。

―情報処理技術者のための―
Javaプログラミングの基礎知識

赤間世紀 著
A5・192頁
ISBN：4-7655-3328-X

【内容紹介】 Java プログラミングの入門書。Java 言語やオブジェクト指向についての基礎的な知識から, 応用としての代表的アルゴリズムの Java プログラムまでを, 簡明かつ体系的に解説し, 各章末に練習問題を, 巻末にその解答を付している。2001 年から基本情報技術者試験午後の問題に加わったJava 問題の出題範囲に対応した解説がなされており, 同試験の参考書として最適であるばかりでなく, 初めて Java 言語に取り組もうと考えている人がまず手にする書としても, 好個の一書である。

システムデザイン入門

赤間世紀 著
A5・156頁
ISBN：4-7655-3332-8

【内容紹介】 システム工学の基礎と情報システムの基礎とを融合させた, 新しい時代のシステムの入門書。システムデザインに不可欠な基礎知識の提供を意図してまとめられており, システムに関する一般的な解説から始め, システム分析, システム開発, 評価・管理・最適化, シミュレーション, 信頼性, システム制御, 情報システムまで, システム全般について, わかりやすく論じている。

技報堂出版　TEL 営業 03(5217)0885 編集 03(5217)0881
FAX 03(5217)0886